# 测绘与地理信息系统技术研究

李小军　陈恩星　杨　棕　著

吉林科学技术出版社

图书在版编目(CIP)数据

测绘与地理信息系统技术研究 / 李小军,陈恩星,杨棕著. —— 长春 : 吉林科学技术出版社, 2023.7

ISBN 978-7-5744-0789-3

Ⅰ. ①测… Ⅱ. ①李… ②陈… ③杨… Ⅲ. ①测绘学－研究 ②地理信息系统－研究 Ⅳ. ①P208.2

中国版本图书馆 CIP 数据核字(2023)第155833号

# 测绘与地理信息系统技术研究

著　　李小军　陈恩星　杨　棕
出 版 人　宛　霞
责任编辑　鲁　梦
封面设计　张啸天
制　　版　济南越凡印务有限公司
幅面尺寸　170mm×240mm
开　　本　16
字　　数　190千字
印　　张　12
印　　数　1-1500册
版　　次　2023年7月第1版
印　　次　2024年2月第1次印刷

出　　版　吉林科学技术出版社
发　　行　吉林科学技术出版社
地　　址　长春市福祉大路5788号
邮　　编　130118
发行部电话/传真　0431-81629529 81629530 81629531
81629532 81629533 81629534
储运部电话　0431-86059116
编辑部电话　0431-81629518
印　　刷　三河市嵩川印刷有限公司

书　　号　ISBN 978-7-5744-0789-3
定　　价　72.00元

# 前　言

21世纪将测绘带入信息化测绘发展的新阶段。信息化测绘技术体系是在对地观测技术、人工智能、AI技术、计算机信息化技术和现代通信技术等现代技术支撑下的有关地理空间数据的采集、处理、管理、更新、共享和应用的技术集成。测绘科学正在向着近年来国内外兴起的新兴学科——地球空间信息学跨越和融合；测绘技术的革命性变化，使测绘组织的管理机构、生产部门及岗位设置和职责发生变化；测绘工作者提供地理空间位置及其附属信息的服务，测绘产品的表现形式伴随相关技术的发展，在保持传统的特性同时，直观可视等方面也得到了巨大的进步；从向专业部门的服务逐渐扩大到面对社会公众的普遍服务，从而使社会测绘服务的需求得到激发并有了更加良好的满足。

本书由李小军，陈恩星，杨棕共同撰写。内容包括测绘学概述、遥感科学与技术、空间数据库与数据模型、地理空间数据的获取、地理空间数据处理与质量控制、地理空间数据查询与分析、地理数据的可视化与地图制图、地理信息系统的应用，内容广泛、丰富、翔实、实用，既有在科研活动中提升的理论研究成果，也有来自测绘地理信息工程一线的经验总结，具有一定的学术水平和较高的应用参考价值，适合测绘地理信息技术人员和测绘地理信息类院校师生阅读参考。

在撰写过程中笔者参阅了大量的相关专著及论文，在此对相关文献的作者表示感谢。由于撰写水平有限，书中难免存在不妥之处，敬请各位专家、读者批评指正。

# 目 录

# 第一章　概述

## 第一节　测绘学的基本概念与研究内容

### 一、测绘学的基本概念

测绘学的基本概念是以地球为研究对象，对其进行测量和描绘的科学。所谓测量，就是利用测量仪器测定地球表面自然形态的地理要素和地表人工设施的形状、大小、空间位置及其属性等；所谓描绘，则是根据观测到的这些数据通过地图制图的方法将地面的自然形态和人工设施等绘制成地图，如图1－1所示。一般情况下，这种概念的测绘工作限于较小区域的测量和制图，这时将地面当成平面。但是事实上地球表面并不是平面，测绘工作的范围也不限于较小的区域，尤其是测绘科学技术的应用领域不断扩大，其工作范围不仅是一个国家或一个地区，有时甚至需要进行全球的测绘工作。在这种情况下，对地球的测量和描绘，就不像上面所说的那样简单，而是变得复杂多了。此时，要把地球作为一个整体，除了研究获取和表述其自然形态和人工设施的几何信息之外，还要研究地球的物理信息，如地球重力场的信息，以及这些几何和物理信息随时间的变化。随着科学技术的发展和社会的进步，测绘学的研究对象不仅是地球，还需要将其研究范围扩大到地球外层空间的各种自然和人造实体，甚至地球内部结构等。因此，测绘学的一个比较完整的基本概念应该是：研究测定和推算地面及其外层空间点的几何位置，确定地球形状和地球重力场，获取地球表面自然形态和人工设施的几何分布以及与其属性有关的信息，编制全球或局部地区的各种比例尺的普通地图和专题地图，为国民经济发展和国防建设以及地学研究服务。随着科学技术的发展，现时又出现了许多现代测绘新技术，使得测绘学的理论和方法及其应用范围发生了巨大的变化，与此相应地，测绘学又有了新的概念和含义，这在本章后面测绘学的现代发展中去阐述。从上面测绘学的基本概念中可以看出，测绘学主要研究反映地球多种时空关系的地理空间信息，同地球科学的研究有着密切的关系，因此测绘学可以说是地球科学的一个分支学科。

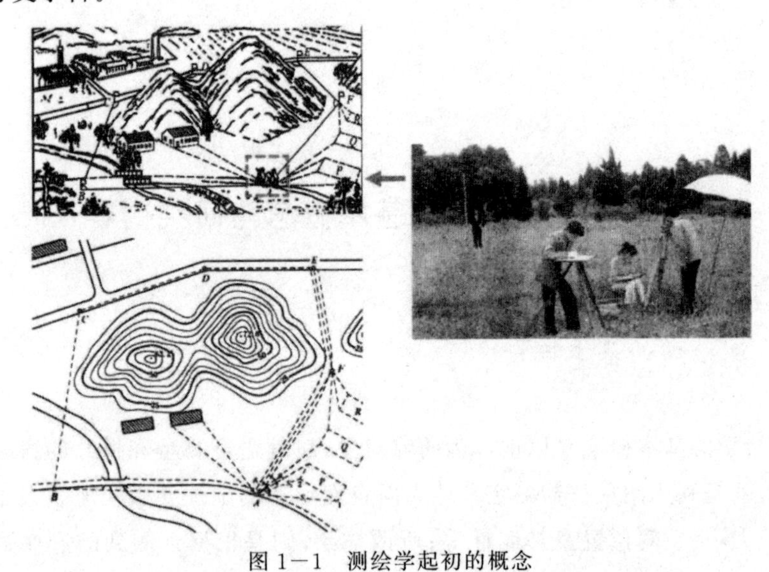

图 1—1　测绘学起初的概念

## 二、研究内容

从测绘学的基本概念可知，其研究内容是很多的，涉及许多方面，现仅就测绘地球来阐述其主要内容。测绘学的主要研究对象是地球及其表面的各种自然和人工形态，为此，首先要研究和测定地球形状、大小及其重力场，在此基础上建立一个统一的地球坐标系统，用以表示地球表面及其外部空间任一点在这个地球坐标系中准确的几何位置。其次，有了大量的地面点的坐标和高程，就可以此为基础进行地表形态的测绘工作，其中包括地表的各种自然形态，如水系、地貌、土壤和植被的分布，也包括人类社会活动所产生的各种人工形态，如居民地、交通线和各种建筑物等。第三，以上用测量仪器和测量方法所获得的自然界和人类社会现象的空间分布、相互联系及其动态变化信息，最终要以地图制图的方法和技术将这些信息以地图的形式反映和展示出来。第四，各种经济和国防工程建设的规划、设计、施工和建筑物建成后的运营管理中，都需要进行相应的测绘工作，并利用测绘资料引导工程建设的实施，监视建筑物的形变。这些测绘工程往往要根据具体工程的要求，采取专门的测量方法。使用特殊的测量仪器去完成相应的测量任务。第五，地球的表层不仅有陆地，而且还有70%的海洋，因此不仅要在陆地进行测绘，而且面对广阔的海洋也有许多测绘工作。在海洋环境（包括江河湖泊）中进行测绘工作，同陆地测量有很大的区别。主要是测量内容综合性强，需多种仪器配合施测，同时完成多种观测项目；测区条件比较复杂，海面受潮汐、气象因素等影响起伏不定，大多数为动态作业；观测者不能用肉眼透视水域底部，精确测量难度较大。这些海洋测绘的特征都要求研究海洋水域的特殊测量方法和仪器设备与之相适应。第六，从以上的研究内容看出，测绘学中有大量各种类型的测量工作。这些测量工作都需要有人用测量仪器在某种自然环境中进行观测。由于测量仪器构造上有不可避免的缺陷、观测者的技术水平和感觉器官的局限性以及自然环境的各种因素，如气温、气压、风力、透明度、大气折光等变化，对测量工作都会产生影响，给观测结果带来误差。因此在测量工作中，必须研究和处理这些带有误差的观测数据，设法消除或削弱其误差，以便提高被观测量的质量，这就是测绘学中的测量数据处理和平差问题。第七，测绘学的研究和工作成果最终要服务于国民经济建设、国防建设以及科学研究，因此要研究测绘学在社会经济发展的各个相关领域中的应用。不同的应用领域对测绘工作的要求也不相同，要求依据不同的测绘理论和方法，使用不同的测量仪器和设备，采取不同的数据处理和平差，最后获取符合不同应用领域要求的测绘成果。

## 第二节　测绘学的现代发展

由于传统测绘学的相关理论与测量手段相对落后，使得传统测绘学具有很多的局限性。如各类观测都在地面作业，观测方式多为手工操作，野外作业和室内数据处理时间持续长，劳动强度大，测量精度低，并且仅限于局部范围的静态测量，从而直接导致测绘学科的应用范围和服务对象比较狭窄。随着空间技术、计算机技术和信息技术以及通信技术的发展及其在各行各业中的不断渗透和融合，测绘学这一古老的学科在这些新技术的支撑和推动下，出现了以全球卫星导航系统（GNSS）、航天遥感（RS）和地理信息系统（GPS）等3S技术为代表的现代测绘科学技术，从而使测绘学科从理论到手段发生了根本性的变化。

## 一、测绘学中的新技术发展

1.全球卫星导航系统 GNSS(Global Navigation Satellite System)

它是利用在空间飞行的卫星不断向地面广播发送具有某种频率并加载了某些特殊定位信息的无线电信号来实现定位测量的导航定位系统。目前世界上正在运行的有美国的GPS、俄罗斯的GLONASS、中国的北斗，另外欧盟的伽利略(GALILEO)正在研制中。现以GPS为例，说明其基本定位原理。如图1—2所示，地面用户的GPS接收机同时接收至少3颗以上卫星广播发送的无线电信号，其基本观测值是信号由卫星天线到接收机天线的传播时间，用信号传播速度将信号传播时间换算成距离，然后依据卫星在适当参考框架中的已知坐标确定用户接收机天线的坐标。按照原理，只要同步观测3颗卫星，即可交会出测站的三维坐标。空间定位技术除GNSS之外，还有激光测卫(SLR)、甚长基线干涉测量(VLBI)等。

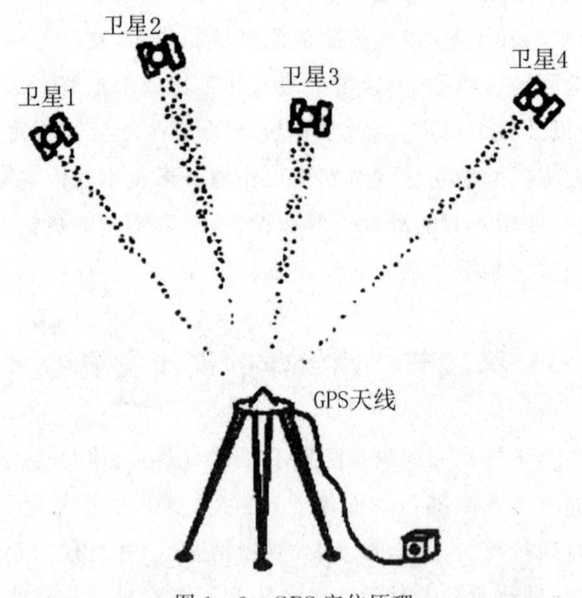


图1—2 GPS定位原理

全球卫星导航定位技术的出现使得在大地测量学中又产生了解决大地测量任务的卫星大地测量方法。随着大地测量点位测定精度的日益提高，用卫星大地测量方法可以测定和研究地球的运动状态及其地球物理机制。

2.航天遥感技术 RS(Remote Sensing)

它是不接触物体本身，用传感器采集目标物的电磁波信息，经处理、分析后识别目标物，揭示其几何、物理性质和相互联系及其变化规律的现代科学技术。一切物体，由于其种类及环境条件不同，因而具有反射或辐射不同波长的电磁波特性。遥感技术就是利用物体的这种电磁波特性，通过观测电磁波，从而判读和分析地表的目标及现象，达到识别物体及物体所在环境条件的技术（见图1—3）。由于遥感技术的出现，测绘学科中又出现了航天摄影和航天测绘。前者是在航天飞行器（卫星、航天飞机、宇宙飞船）中利用摄影机或其他遥感探测器（传感器）获取地球的图像资料和有关数据的技术，它是航空摄影的发展（图1—4所示为航天遥感获取的卫星影像）；后者则是基于航天遥感影像进行测量工作（图1—5所示为卫星遥感测绘，图1—6所示为航天飞机测图）。

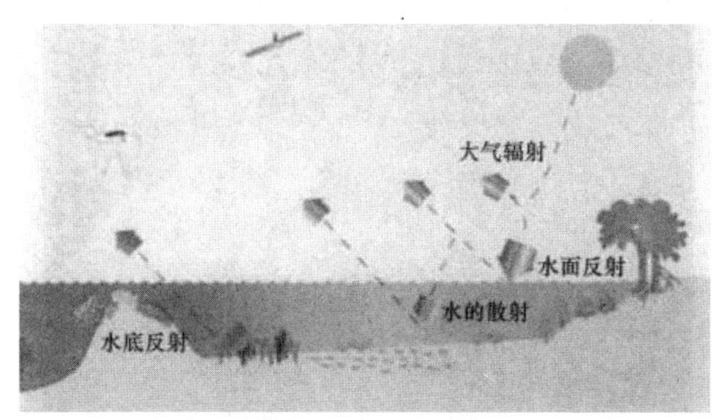


图1—3　遥感原理

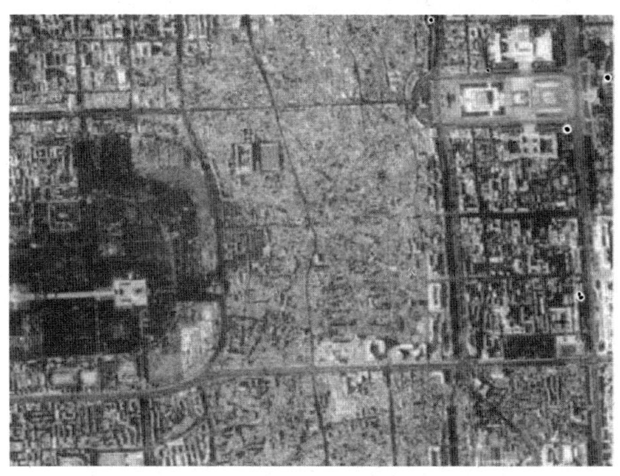

图1—4　卫星影像

图 1－5　卫星遥感测绘

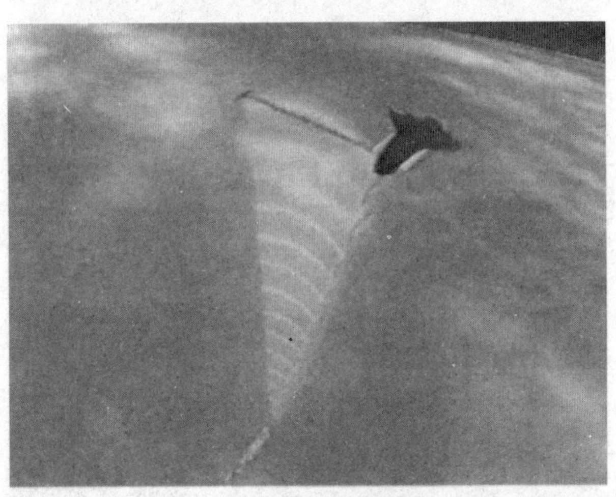

图 1－6　航天飞机测图

3.数字地图制图技术(Digital Cartography)

它是根据地图制图原理和地图编辑过程的要求,利用计算机输入、输出等设备,通过数据库技术和图形数字处理方法,实现地图数据的获取、处理、显示、存储和输出。此时地图是以数字形式存储在计算机中,称为数字地图。有了数字地图,就能生成在屏幕上显示的电子地图。数字地图制图的实现,使得地图手工生产方式逐渐被数字化地图生产所取代,节约了人力,缩短了成图周期,提高了生产效率和地图制作质量,图 1－7 所示为数字地图制图。

图 1—7　数字地图制图

4.地理信息系统技术 GIS(Geographic Information System)

它是在计算机软件和硬件支持下,把各种地理信息按照空间分布及属性以一定的格式输入、存储、检索、更新、显示、制图和综合分析应用的技术(见图 1—8)。它是将计算机技术与空间地理分布数据相结合,通过一系列空间操作和分析方法,为地球科学、环境科学和工程设计,乃至政府行政职能和企业经营提供有用的规划、管理和决策信息,并回答用户提出的有关问题。

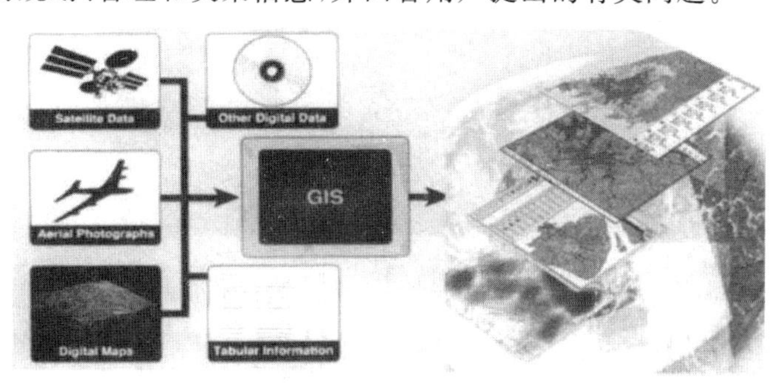


图 1—8　GIS 原理

5.3S 集成技术(Integration of GPS,RS and GIS technology),即 GPS、RS、GIS 技术的集成

在 3S 技术的集成中,GPS 主要用于实时、快速地提供目标的空间位置;RS 用于实时、快速地提供大面积地表物体及其环境的几何与物理信息,以及它们

的各种变化；GIS则是对多种来源时空数据（测绘和有关的地理数据）的综合处理分析和应用的平台。

6.卫星重力探测技术（Satellite Gravimetry）

它是将卫星当作地球重力场的探测器或传感器，通过对卫星轨道的受摄运动及其参数的变化或者两颗卫星之间的距离变化进行观测，据此了解和研究地球重力场的结构。图1－9(a)所示为观测卫星轨道受摄运动，图1－9(b)所示为观测两颗卫星间距离的变化。

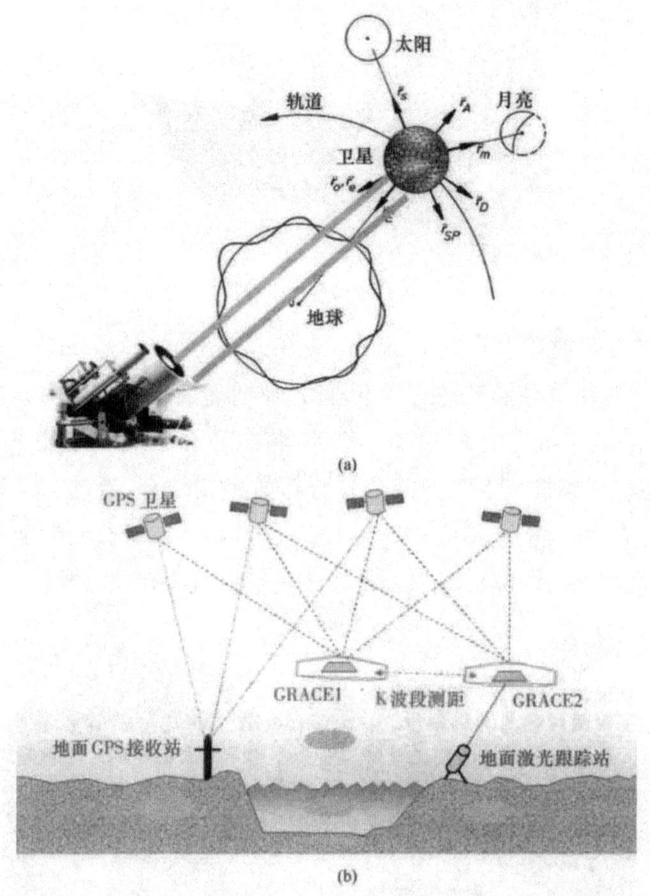


图1－9　卫星重力测量

7.虚拟现实模型技术（Virtual Reality Technology）

它是由计算机组成的高级人机交互系统，构成一个以视觉感受为主，包括听觉、触觉、嗅觉的可感知环境。用户戴上头盔式三维立体显示器、数据手套及立体声耳机等，可以完全沉浸在计算机制造的虚拟世界里。用户在这个环境中可以实现观察、触摸、操作、检测等试验，有身临其境之感。图 1—10 所示为虚拟现实模型。

这里应当指出的是，现代测绘技术的发展必须基于信息高速公路 ISH(Information Super—Highway)和计算机网络技术。这两项技术和多 CPU、大容量内存、大规模存储设备的计算机系统的广泛应用，为测绘学的数字化、网络化、信息化创造了条件。目前互联网上的测绘信息已经十分丰富，人们可以通过网络浏览器查阅所需的各类测绘信息，并通过超文本和超媒体链接实现信息共享。

图 1—10　卫星重力测量

## 二、现代测绘新技术对测绘学科发展的影响

传统的测绘技术由于受到观测仪器和方法的限制，只能在地球的某一局部区域进行测量工作，而空间导航定位、航空航天遥感、地理信息系统和数据通信等现代新技术的发展及其相互渗透和集成，则为我们提供了对地球整体进行观察和测绘的工具。卫星航天观测技术能采集全球性、重复性的连续对地观测数据，数据的覆盖可达全球范围，因此这类数据可用于对地球整体的了解和研究，这就好像把地球放在实验室里进行观察、测绘和研究一样。现代测绘高新技术日新月异的迅猛发展，使得测绘学的理论基础、测绘工程技术体系、研究领域和科学目标等正在适应新形势的需要而发生深刻的变化。GPS 等空间定位技术的引进，导致大地测量从分维式发展到整体式，从静态发展到动态，从描述地球的几何空间发展到描述地球的物理——几何空间，从地表层测量发展到地球内部结构的反演，从局部参考坐标系中的地区性测量发展到统一地心坐标系中的全球性测量。大地测量学已成为测绘学和地学领域的基础性学科。摄影测量本身已完成了模拟摄影测量与解析摄影测量的发展历程，现正在进人数字摄影

测量阶段。由于现代航天技术和计算机技术的发展，当代卫星遥感技术可以提供比光学摄影所获得的黑白像片更加丰富的影像信息，因此在摄影测量中引进了卫星遥感技术，形成了航天测绘。摄影测量学中由于应用了遥感技术，并与计算机视觉等交叉融合，因此它已成为基于电子计算机的现代图像信息学科。随着数字地图制图和地图数据库技术的飞速发展，作为人们认知地理环境和利用地理条件的根据，地图制图学已进入数字（电子）制图和动态制图的阶段，并且成为地理信息系统的支撑技术。地图制图学已发展成为以图形和数字形式传输空间地理环境的学科。现代工程测量学也已远离了单纯为工程建设服务的狭隘概念，正向着所谓"广义工程测量学"发展，即"一切不属于地球测量，不属于国家地图集的陆地测量和不属于公务测量的应用测量，都属于工程测量"。工程测量的发展可概括为内外业一体化、数据获取与处理自动化、测量工程控制和系统行为的智能化、测量成果和产品的数字化。同样，在海洋测量中，广泛应用先进的激光探测技术、空间定位与导航技术、计算机技术、网络技术、通信技术、数据库管理技术以及图形图像处理技术，使海洋测量的仪器和测量方法自动化和信息化。测绘学科的这些变化从技术层面上影响到测绘学科由传统的模拟测绘过渡到数字化测绘。例如测绘生产任务由纸上或类似介质的地图编制、生产和更新发展到对地理空间数据的采集、处理、分析和显示，出现了所谓的"4D"测绘系列产品，即数字高程模型（DEM）、数字正射影像（DOM）、数字栅格地图（DRG）和数字线划图（DLG）。测绘学科和测绘工作正在向着信息采集、数据处理和成果应用的数字化、网络化、实时化和可视化的方向发展，生产中体力劳动得到解放，生产力得到很大的提高。今天的光缆通信、卫星通信、数字化多媒体网络技术可使测绘产品从单一的纸质信息转变为磁盘和光盘等电子信息，测绘产品的分发方式从单一的邮路转到"电路"（数字通信和计算机网络、传真等），测绘产品的形式和服务社会的方式由于信息技术的支持发生了很大的变化，表现为正以高新技术为支撑和动力，测绘行业和地理信息产业成为新世纪的朝阳产业。它的服务范围和对象正在不断扩大，不再是原来单纯从控制到测图，为国家制作基本地形图，而是扩大到国民经济和国防建设中与地理空间数据有关的各个领域。

## 三、测绘学的现代概念和内涵

从测绘学的现代发展可以看出，现代测绘学是指地理空间数据的获取、处理、分析、管理、存储和显示的综合研究。这些空间数据来源于地球卫星、空载和船载的传感器以及地面的各种测量仪器，通过信息技术，利用计算机的硬件和软件对这些空间数据进行处理和使用。这是应现代社会对空间信息有极大需求这一特点形成的一个更全面且综合的学科体系。它更准确地描述了测绘学科在现代信息社会中的作用。原来各个专门的测绘学科之间的界限已随着计算机与通信技术的发展逐渐变得模糊了。某一个或几个测绘分支学科已不能满足现代社会对地理空间信息的需求，相互之间更加紧密地联系在一起，并与地理和管理学等其他学科知识相结合，形成测绘学的现代概念，即研究地球和其他实体的与时空分布有关的信息的采集、量测、处理、显示、管理和利用的科学和技术。它的研究内容和科学地位则是确定地球和其他实体的形状和重力场及空间定位，利用各种测量仪器、传感器及其组合系统获取地球及其他实体与时空分布有关的信息，制成各种地形图、专题图和建立地理、土地等空间信息系统，为研究地球的自然和社会现象，解决人口、资源、环境和灾害等社会可持续发展中的重大问题，以及为国民经济和国防建设提供技术支撑和数据保障。测绘学科的现代发展促使测绘学中出现若干新学科，例如卫星大地测量（或空间大地测量）、遥感测绘（或航天测绘）、地理信息工程等。测绘学已完成由传统测绘向数字化测绘的过渡，现在正在向信息化测绘发展。由于将空间数据与其他专业数据进行综合分析，致使测绘学科从单一学科走向多学科的交叉，其应用已扩展到与空间分布信息有关的众多领域，显示出现代测绘学正向着近年来兴起的一门新兴学科——地球空间信息科学（Geo - Spatial Information Science，简称 Geomatics）跨越和融合。地球空间信息学包含了现代测绘学（数字化测绘或信息化测绘）的所有内容，但其研究范围比现代测绘学更加广泛。

## 第三节　测绘学的科学地位和作用

### 一、在科学研究中的作用

地球是人类和社会赖以生存和发展的唯一星球。经过古往今来人类的活动和自然变迁，如今的地球正变得越来越骚动不安，人类正面临一系列全球性或区域性的重大难题和挑战。测绘学在探索地球的奥秘和规律、深入认识和研究地球的各种问题中发挥着重要作用。由于现代测量技术已经或将要实现无人工干预自动连续观测和数据处理，可以提供几乎任意时域分辨率的观测系列，具有检测瞬时地学事件（如地壳运动、重力场的时空变化、地球的潮汐和自转变化等）的能力，这些观测成果可以用于地球内部物质结构和演化的研究，尤其是像大地测量观测结果在解决地球物理问题中可以起着某种佐证作用。

## 二、在国民经济建设中的作用

测绘学在国民经济建设中的作用是广泛的。在经济发展规划、土地资源调查和利用、海洋开发、农林牧渔业的发展、生态环境保护以及各种工程、矿山和城市建设等各个方面都必须进行相应的测量工作，编制各种地图和建立相应的地理信息系统，以供规划、设计、施工、管理和决策使用。如在城市化进程中，城市规划、城镇建设、交通管理等都需要城市测绘数据、高分辨率卫星影像、三维景观模型、智能交通系统和城市地理信息系统等测绘高新技术的支持。在水利、交通、能源和通信设施的大规模、高难度工程建设中，不但需要精确勘测和大量现势性强的测绘资料，而且需要在工程全过程采用地理信息数据进行辅助决策。丰富的地理信息是国民经济和社会信息化的重要基础，传统产业的改造、优化、升级与企业生产经营，发展精细农业，构建“数字中国”和“数字城市”，发展现代物流配送系统和电子商务，实现金融、财税、贸易等信息化，都需要以测绘数据为基础的地理空间信息平台。

## 三、在国防建设中的作用

在现代化战争中，武器的定位、发射和精确制导需要高精度的定位数据、高分辨率的地球重力场参数、数字地面模型和数字正射影像。以地理空间信息为基础的战场指挥系统，可持续、实时地提供虚拟数字化战场环境信息，为作战方案的优化、战场指挥和战场态势评估实现自动化、系统化和信息化提供测绘数据和基础地理信息保障。这里，测绘信息可以提高战场上的精确打击力，夺得战争胜利或主动。公安部门合理部署警力，有效预防和打击犯罪也需要电子地图、全球定位系统和地理信息系统的技术支持。为建立国家边界及国内行政界线，测绘空间数据库和多媒体地理信息系统不仅在实际疆界划定工作中起着基础信息的作用，而且对于边界谈判、缉私禁毒、边防建设与界线管理中均有重要的作用。尤其是测绘信息中的许多内容涉及国家主权和利益，决不可失其严肃性和严密性。

## 四、在社会发展中的作用

国民经济建设和社会发展的大多数活动是在广袤的地域空间进行的。政府部门或职能机构既要及时了解自然和社会经济要素的分布特征与资源环境条件，也要进行空间规划布局，还要掌握空间发展状态和政策的空间效应。但由于现代经济与社会的快速发展与自然关系的复杂性，使人们解决现代经济和社会问题的难度增加，因此，为实现政府管理和决策的科学化、民主化，要求提供广泛通用的地理空间信息平台，测绘数据是其基础。在此基础上，将大量经济和社会信息加载到这个平台上，形成符合真实世界的空间分布形式，建立空间决策系统，进行空间分析和管理决策，以及实施电子政务。当今人类正面临环境日趋恶化、自然灾害频繁、不可再生能源和矿产资源匮乏及人口膨胀等社会问题。社会、经济迅速发展和自然环境之间产生了巨大矛盾。要解决这些矛盾，维持社会的可持续发展，则必须了解地球的各种现象及其变化和相互关系，采取必要措施来约束和规范人类自身的活动，减少或防范全球变化向不利于人类社会方面演变，指导人类合理利用和开发资源，有效地保护和改善环境，积极防治和抵御各种自然灾害，不断改善人类生存和生活环境质量。而在防灾减灾、资源开发和利用、生态建设与环境保护等影响社会可持续发展的种种因素方面，各种测绘和地理信息可用于规划、方案的制定，灾害、环境监测系统的建立，风险的分析，资源与环境调查、评估、可视化显示以及决策指挥等。

# 第二章　遥感科学与技术

## 第一节　遥感信息获取

任何一个地物都有三大属性，即空间属性、辐射属性和光谱属性。任何地物都有空间明确的位置、大小和几何形状，这是其空间属性；对任一单波段成像而言，任何地物都有其辐射特征，反映为影像的灰度值；而任何地物对不同波段有不同的光谱反射强度，从而构成其光谱特征。

使用光谱细分的成像光谱仪可以获得图谱合一的记录，这种方法称为成像光谱仪或高光谱(超光谱)遥感。地物的上述特征决定了人们可以利用相应的遥感传感器，将它们放在相应的遥感平台上去获取遥感数据。利用这些数据实现对地观测，对地物的影像和光谱记录进行计算机处理，测定其几何和物理属性，回答何时(When)、何地(Where)、何种目标(What object)、发生了何种变化(What change)。这里的四个 W 就是遥感的任务和功能。

### 一、遥感传感器

地物发射或反射的电磁波信息通过传感器收集、量化并记录在胶片或磁带上，然后进行光学或计算机处理，最终才能得到可供几何定位和图像解译的遥感图像。

遥感信息获取的关键是传感器。由于电磁波随着波长的变化其性质有很大的差异，地物对不同波段电磁波的发射和反射特性也不大相同，因而接收电磁辐射的传感器的种类极为丰富。依据不同的分类标准，传感器有多种分类方法。按工作的波段可分为可见光传感器、红外传感器和微波传感器。按工作方式可分为主动传感器和被动传感器。被动式传感器接收目标自身的热辐射或反射太阳辐射，如各种相机、扫描仪、辐射计等；主动式传感器能向目标发射强大的电磁波，然后接收目标反射回波，主要指各种形式的雷达，其工作波段集中在微波区。按记录方式可分为成像方式和非成像方式两大类。非成像的传感器记录的是一些地物的物理参数。在成像系统中，按成像原理可分为摄影成像、扫描成像两大类。

尽管传感器种类多种多样，但它们具有共同的结构。一般来说，传感器由收集系统、探测系统、信号处理系统和记录系统四个部分组成，如图 2－1 所示。只有摄影方式的传感器探测与记录同时在胶片上完成，无须在传感器内部进行信号处理。

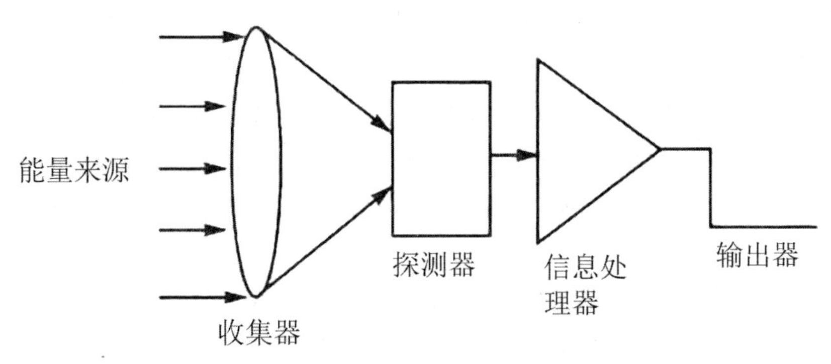


图 2－1　传感器的结构组成

1.收集系统

地物辐射的电磁波在空间是到处传播的，即使是方向性较好的微波，在远距离传输后，光束也会扩散，因此接收地物电磁波必须有一个收集系统。该系统的功能在于把收集的电磁波聚焦并送往探测系统。扫描仪用各种形式的反射镜以扫描方式收集电磁波，雷达的收集元件是天线，二者都采用抛物面聚光，物理学上称抛物面聚光系统为卡塞格伦系统。如果进行多波段遥感，那么收集系统中还包括按波段分波束的元件，一般采用各种色散元件和分光元件，如滤色片、分光镜和棱镜等。

2.探测系统

探测系统用于探测地物电磁辐射的特征，是传感器中最重要的部分。常用的探测元件有胶片、光电敏感元件和热电灵敏元件。探测元件之所以能探测到电磁波的强弱，是因为探测器在光子（电磁波）作用下发生了某些物理化学变化，这些变化被记录下来并经过一系列处理便成为人眼能看到的像片。感光胶片便是通过光学作用探测近紫外至近红外的电磁辐射。这一波段的电磁辐射能使感光胶片上的卤化银颗粒分解，析出银粒的多少反映了光照的强弱，并构成地面物像的潜影，胶片经过显影、定影处理，就能得到稳定的、可见的影像。

光电敏感元件是利用某些特殊材料的光电效应把电磁波信息转换为电信号来探测电磁辐射的。其工作波段涵盖紫外至红外波段，在各种类型的扫描仪上都有广泛的应用。光电敏感元件按其探测电磁辐射机理的不同，又分为光电子发射器件、光电导器件和光伏器件等。光电子发射器件在入射光子的作用下，表面电子能逸出成为自由电子，相应地，光电导器件在光子的作用下自由载流子增加，导电率变大；光电器件在光子作用下产生的光生载流子聚焦在二极管的两侧形成电位差，这样，自由电子的多少、导电率的大小、电位差的高低就反映了入射光能量的强弱。电信号经过放大、电光转换等过程，便成为人眼可见的影像。

还有一类热探器是利用辐射的热效应工作的。探测器吸收辐射能量后，温度升高，温度的改变引起其电阻值或体积发生变化。测定这些物理量的变化便可知辐射的强度。但热探测器的灵敏度和响应速度较低，仅在热红外波段应用较多。

值得一提的是雷达成像。雷达在技术上属于无线电技术，而可见光和红外传感器属光学技术范畴。雷达大线在接收微波的同时，就把电磁辐射转变为电信号，电信号的强弱反映了微波的强弱，但习惯上并不把雷达天线称为探测元件。

3.信号处理系统

扫描仪、雷达探测到的都是电信号，这些电信号很微弱，需要进行放大处理；另外有时为了监测传感器的工作情况，需适时将电信号在显像管的屏幕上转换为图像，这就是信号处理的基本内容。目前很少将电信号直接转换记录在胶片上，而是记录在模拟磁带上。磁带回放制成胶片的过程可以在实验室进行，这与从相机上取得摄像底片然后进行暗室处理得到影像的过程极为类似，可使传感器的结构变得更加简单。

4.记录系统

遥感影像的记录一般分直接与间接两种方式。直接记录方式有摄影胶片、扫描航带胶片、合成孔径雷达的波带片；还有一种是在显像管的荧光屏上显示图像，再用相机翻拍成的胶片。间接记录方式有模拟磁带和数字磁带。模拟磁带回放出来的电信号，通过电光转换可显示为图像；数字磁带记录时要经过模数转换,回放时则要经过数模转换,最后仍通过电转换才能显示图像。

## 二、遥感平台

遥感中搭载传感器的工具统称为遥感平台(Platform)。遥感平台包括人造卫星、航天航空飞机乃至气球、地面测量车等。遥感平台中,高度最高的是气象卫星 GMS 风云 2 号等所代表的地球同步静止轨道卫星,它位于赤道上空 36000km 的高度上。其次是高度为 400～1000km 的地球观测卫星,如 Landsat、SPOT、CBERS I 以及 IKONOS Ⅱ、"快鸟"等高分辨率卫星,它们大多使用能在同一个地方同时观测的极地或近极地太阳同步轨道。其他按高度排列主要有航天飞机、探空仪、超高度喷气飞机、中低高度飞机、无线电遥探飞机乃至地面测量车等。

静止轨道卫星又称地球同步卫星,它们位于 30000km 外的赤道平面上,与地球自转同步,所以相对于地球是静止的。不同国家的静止轨道卫星在不同的经度上,以实现对该国有效的对地重复观测。

圆轨道卫星一般又称极轨卫星,这是太阳同步卫星。它使得地球上同一位置能重复获得同一时刻的图像。该类卫星按其过赤道面的时间分为 AM 卫星和 PM 卫星。一般上午 10:30 通过赤道面的极轨卫星称为 AM 卫星(如 EOS 卫星中的 Terra),下午 1:30 通过赤道的卫星称为 PM 卫星(如 EOS 卫星中的 Aqua)。图 2－2 为目前各国的对地观测卫星系统。

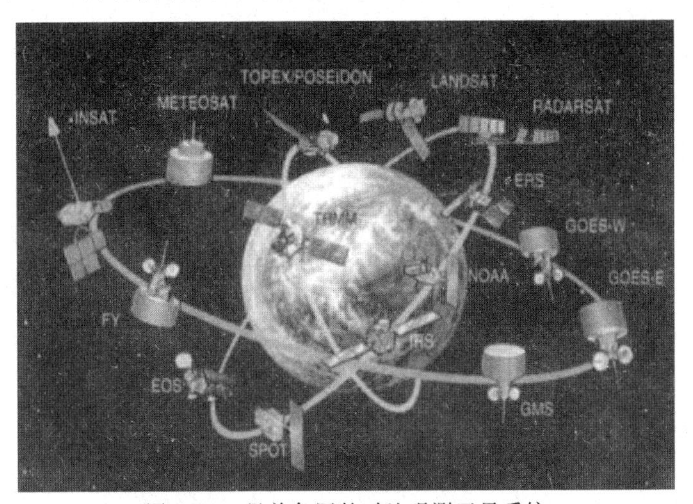


图 2－2　目前各国的对地观测卫星系统

## 三、遥感数据的分辨率

遥感数据的分辨率分为空间分辨率(地面分辨率)、光谱分辨率(波谱带数目)、时间分辨率(重复周期)和温度分辨率。

空间分辨率通常指的是像素的地面大小,又称地面分辨率。Landsat 卫星的 MSS 图像,像素的地面分辨率为 79m,而 1983－1984 年的 Landsat－4/5 上的 TM(专题制图仪)图像的地面分辨率则为 30m。欧洲空间局(ESA)1983 年 12 月发射的航天飞机载空间试验室(Space Lab),利用德国蔡司厂 300mm RMK 像机,取得 1∶80 万航天像片,摄影分辨率为 20m(每毫米线对),相对于像元素地面大小为 8m。1984 年美国宇航局发射的航天飞机载大像幅摄影机 LFC,其像幅为 23cmx46cm,其地面分辨率为 15m。1986 年 2 月和 1990 年法国发射的 SPOT－1,2 卫星,利用两个 CCD 线阵列构成数字式扫描仪,像素地面大小对全色为 10m,通过侧向镜面倾斜可获得基线/航高比达到 1～1.2 的良好立体影像,从而可采集 DEM 和立体测图,并可制作正射影像,可用作 1∶5 万地图测制或修测。SPOT 影像在海湾战争中得到广泛应用。苏联的 KFA－1000 航天像片,像素的地面大小为 4m,分辨率极高。而到了 20 世纪 90 年代,由于高分辨长线阵和大面阵 CCD 问世,卫星遥感图像的地面分辨率大大提高。例如,印度卫星 IRS－IC,其地面分辨率为 5.8m;法国的 SPOT－5 采用新的三台高分辨率几何成像仪器(HRG),提供 5m 和 2.5m 的地面分辨率,并能沿轨或侧轨立体成像;日本研制发射的三线阵高分辨率观测卫星 ALOS,具有 2.5m 全色分辨率和 10m 多光谱分辨率能力;南非已于 1995 年发射了一颗名为“绿色”的遥感小卫星,载有 1.5m 分辨率的可见光 CCD 相机;以色列也发射了 2m 分辨率的成像卫星系统;美国于 1999 年 9 月成功发射的 IKONOS－2 以及 2001 年发射的“Quick Bird”,分别能提供 1m 与 0.61m 空间分辨的全色影像和 4m 与 2.44m空间分辨率的多光谱影像。所有这些都为遥感的定量化研究提供了保证。

利用成像光谱仪和高光谱、超光谱遥感,可以大大地提高遥感的光谱分辨率,从而极大地增强对地物性质、组成与相互差异的研究能力。

时间分辨率指的是重复获取某一地区卫星图像的周期。提高时间分辨率有以下几种方法:第一是利用地球同步静止卫星,可以实现对地面某一地区的多次、重复观测,可达到每小时、每半小时甚至更快地重复观测;第二是通过多个小卫星组建卫星星座，从而提高重复观测能力；第三是通过卫星上多个可以任意方向倾斜 45°的传感器，从而可以在不同的轨道位置上对某一感兴趣目标点进行重复观测。

此外，对于热红外遥感，还有一个温度分辨率，目前可以达到 0.5K，不久的将来可达到 0.1K，从而提高定量化遥感反演的水平。

## 四、遥感对地观测的历史发展

从空中拍摄地面的照片，最早是 1858 年纳达在气球上进行的。1903 年福特兄弟发明了飞机，使航空遥感成为可能。1906 年，劳伦士用 17 只风筝拍下了旧金山大火这一珍贵的历史性大幅照片。第一次世界大战中第一台航空摄影机问世，英国空军拍下了德国的炮兵阵地。由于航空摄影比地面摄影有明显的优越性，如视场开阔，无前景挡后景，可快速飞过测区获得大面积的像片，使得航空摄影，或现在更广泛的包括摄影和非摄影的各种航空遥感方法得到飞速的发展。

1957 年苏联发射了第一颗人造卫星，使卫星摄影测量成为可能。1959 年从人造卫星发回第一张地球像片，1960 年从“泰罗斯”与“雨云”气象卫星上获得全球的云图。1971 年美国“阿波罗”宇宙飞船成功地对月球表面进行航天摄影测量。同年，美国利用“水手”号探测器对火星进行测绘作业。1972 年美国地球资源卫星（后改称陆地卫星）上天，其多光谱扫描仪（MSS）影像用于对地观测，使得遥感作为一门新技术得到广泛应用。从空中观测地球的平台包括气球、飞艇、飞机、火箭、人造卫星、航天飞机和太空观测站。目前全球在轨的人造卫星达到 3000 颗，其中提供遥感、定位、通信传输的数据和图像服务的将近 500 颗。目前世界各国已建成的遥感卫星地面接收站超过 50 个。

现有的卫星遥感系统（科学试验、海洋遥感卫星、军事卫星除外）大体上可分为气象卫星、资源卫星和测图卫星 3 种类型。从第一代气象观测卫星 TIROS 于 1965 年上天和第一代陆地资源卫星 Landsat－1 于 1972 年上天算起，卫星遥感系统走过了三十多个春秋。至今卫星遥感已取得了令人瞩目的成绩，从实验到应用、从单学科到多学科综合、从静态到动态、从区域到全球、从地表到太空，无不表明遥感已经发展到相当成熟的阶段。当代遥感的发展主要表现在它的多传感器、高分辨率和多时相特征上。

1.多传感技术

已能全面覆盖大气窗口的所有部分。光学遥感可包含可见光、近红外和短波红外区域。热红外遥感的波长可达 8～14nm。微波遥感外测目标物电磁波的辐射和散射，分被动微波遥感和主动微波遥感，波长范围为 1～100cm。

2.遥感的高分辨率特点

全面体现在空间分辨率、光谱分辨率和温度分辨率三个方面，长线阵 CCD 成像扫描仪可以达到 0.4～2m 的空间分辨率，成像光谱仪的光谱细分可以达到 5～6nm 的光谱分辨率。热红外辐射计的温度分辨率可以从 0.5K 提高到 0.1～0.3K。

3.遥感的多时相特征

随着小卫星群计划的推行，可以用多颗小卫星实现每 3～5 天对地表重复一次采样，获得高分辨率全色图像和成像光谱仪数据。多波段、多极化方式的雷达卫星将能解决阴雨多雾情况下的全天候和全天时对地观测。

值得一提的是，装在美国“奋进号”航天飞机上的雷达干涉测量系统（见图 2－3），是世界上第一个能直接获取全球三维地形信息的双天线（固定天线距离为 60m）合成孔径雷达干涉测量系统。该项计划称为 SRTM（Shuttle Radar Topography Mission）。在仅仅 11 天（2000－02－11～22）的全球性作业中，获得了地球 60°N 至 56°S 间陆地表面 80％面积的三维雷达数据。用这个数据可获得 30m 分辨率的高精度数字高程模型（C 波段垂直精度为 10m，X 波段垂直精度为 6m）。这次飞行的成功和美国 Space Imaging 公司 1999 年度发射的 1m 分辨率 IKONOS 卫星（见图 2－4），标志着 21 世纪卫星遥感将走上一个全新的发展阶段。

图 2－3 “奋进号”SRTM 合成孔径雷达干涉测量系统

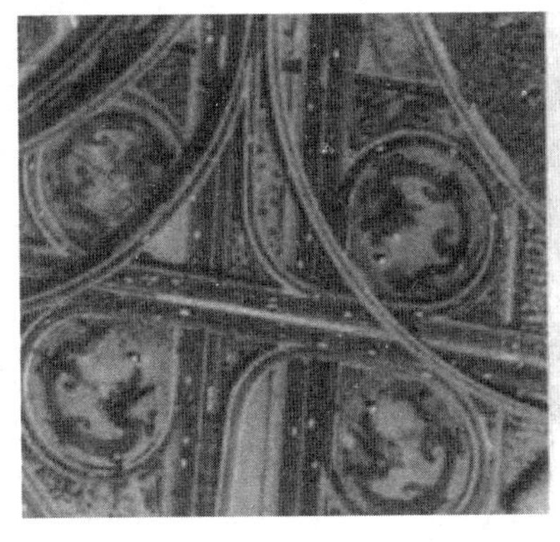
(a)北京某立交桥 IKONOS 卫星影像

(b)三峡坝区 Quick Bird 卫星影像

图 2－4　高分辨率卫星影像

## 五、主要的遥感对地观测卫星及其未来发展

1.气象卫星

气象卫星主要分为地球同步静止气象卫星和太阳同步极轨气象卫星两大类。气象卫星遥感与地球资源卫星遥感的工作波段大致相同，所不同的是图像的空间分辨率大多为 1～5km，较资源卫星（≤100m）低，但其时间分辨率则大大高于资源卫星的 15～25 天，每天可获得同一地区的多次成像。

静止气象卫星是作为联合国世界气象组织（WMO）全球气象监测计划的内容而发射的，主要由 GMS、GEOS－E、GEOS－W、METEOSAT、INSAT 五颗卫星组成，它们以约 70°的间隔配置在赤道上空，轨道高度为 3600km。中国的 FY－2 也属于这种类型，位于经度为 105°的轨道上，主要用于中国的气象监测。静止气象卫星每 0.5h 提供一幅空间分辨率为 5km 的卫星图像。

广泛使用的 NOAA 气象卫星等属于太阳同步极轨卫星，卫星高度在 800km 左右。每颗卫星每天至少可以对同一地区进行两次观测，图像空间分辨率为 1km。极轨气象卫星主要用于全球及区域气象预报，并适用于全球自然和人工植被监测、灾害（水灾、旱灾、森林火灾、沙漠化等）监测以及农作物估产等方面。

2.资源卫星

卫星系统多采用光机扫描仪、CCD 间体阵列传感器等光学传感器，可获得 100m 空间分辨率的全色或多光谱图像。采集的多光谱数据对土地利用、地球资源调查、监测与评价、森林覆盖、农业和地质等专题信息提取具有极其重要的作用。

由于光学传感器系统受到天气条件的限制，主动式的合成孔径侧视雷达(SAR)在多云雾、多雨雪地区的地形测图、灾害监测、地表形态及其形变监测中具有特殊的作用。

3.地球观测系统(EOS)计划

美国国家宇航局(NASA)于1991年发起了一个综合性的项目，称为地球科学事业(ESE)，它的核心便是地球观测系统(EOS)。EOS计划中包括一系列卫星，它的任务是通过这些卫星对地球系统的主要状态参数进行量测，同时开始长期监测人类活动对环境的影响。主要包括火灾、冰(冰川)、陆地、辐射、风暴、气候、污染以及海洋等。NASA现在采用地球观测系统数据和信息系统(EOS-DIS)来管理这些卫星，并对其数据进行归档、分布和信息管理等。

EOS的目标是：

(1)检测地球当前的状况；

(2)监测人类活动对地球和大气的影响；

(3)预测短期气候异常、季节性乃至年际气候变化；

(4)改进灾害预测；

(5)长期监测气候与全球变化。

Terra卫星是EOS计划中第一颗装载有MODIS传感器的卫星，发射于1999年12月18日。Terra是美国、日本和加拿大联合进行的项目，卫星上共有五种装置，它们分别是云与地球辐射能量系统CERES、中分辨率成像光谱仪MODIS、多角度成像光谱仪MISR、先进星载热辐射与反射辐射计ASTER和对流层污染测量仪MOPITT。在外观上，Terra卫星的大小大概相当于一辆小型校园公汽。它装载的五种传感器能同时采集地球大气、陆地、海洋和太阳能量平衡的信息。每种传感器有它独特的作用，这使得EOS的科学工作者能研究大范围的自然科学实体。Terra沿地球近极地轨道航行，高度是705km，它在早上当地同一时间经过赤道，此时陆地上云层覆盖为最少，对地表的视角的范围最大。Terra的轨道基本上是和地球的自转方向相垂直，所以它的图像可以拼接成一幅完整的地球总图像。科学家通过这些图像逐渐理解了全球气候变化的起因和效果，他们的目标是了解地球气候和环境是如何作为一个整体作用的。Term的预期寿命是6年。在未来的几年内，将会发射其他几颗卫星，利用遥感技术的新发展，对Term采集的信息进行补充。

Aqua发射于2002年5月4日，装置有云与地球辐射能量系统测量仪CE-

RES、中分辨率成像光谱仪 MODIS、大气红外探测器 AIRS、先进微波探测元件 AMSU－A、巴西湿度探测器 HSB 和地球观测系统先进微波扫描辐射计 AMSR－E。Aqua 卫星的目标是通过监测和分析地球变化来提高我们对地球系统以及由此发生的变化的认识。Aqua 卫星是根据它主要采集地球水循环的海量数据而命名的。这些数据包括海洋表面水、海洋的蒸发、大气中的水蒸气、云、降水、泥土湿气、海冰和陆地上的冰雪覆盖。Aqua 测量的其他变化包括辐射能量通量、大气气溶胶、地表植被、海洋中的浮游植物和溶解的有机成分以及空气、陆地和水的温度。Aqua 预期的一个特别优势就是由大气温度和水蒸气得到的天气预报的改善。Aqua 测量还提供了全球水循环的所有要素，并有利于根据雪、冰、云和水蒸气增强或抑制全球和区域性温度变化和其他气候变化的程度来回答一些开放的问题。

有人指出，由于 EOS 计划所提供的丰富的陆地、海洋和大气等参数信息，再配合 ADEOS Ⅰ/Ⅱ、TRMM、Sea WiFS、ASTSR、MERIS、ENVISAT、Landsat 等卫星数据与地面网站数据，将引起气候变化研究手段的革命。

4.制图卫星

为了用于 1：10 万及更大比例尺的测图，对空间遥感最基本的要求是其空间分辨率和立体成像能力。值得注意的是，美国成功发射的 IKONOS－2 卫星和快鸟卫星开辟了高空间分辨率商业卫星的新纪元。

合成孔径侧视雷达的发展主要体现为时间分辨率的提高，特别是双天线卫星雷达的研制。

5.遥感传感器的未来发展

光学传感器未来发展将进一步提高高空间分辨率和光谱分辨率，事实上，军用卫星的分辨率实际上已达到 0.10～0.15m。

成像光谱仪(Imaging Spectrometer)能以高达 5～6nm 的光谱分辨率在特定光谱域内以超多光谱数的海量数据同时获取目标图像和多维光谱信息，形成图谱合一的影像立方体。机载成像光谱遥感技术在过去 10 年已取得很大进展，星载 384 波段成像光谱仪卫星(刘易斯)由美国 TRW 公司研制，于 1997 年发射上天，但未能成功。目前美国已在 1999 年 12 月发射的 EOS－AMI (Terra)和 2002 年 5 月发射的 AQUA 卫星上使用了 MODIS 中分辨率成像光谱仪，并已获得了有效的数据。估计在 21 世纪，500～600 波段的星载中高分辨率成像光谱仪会取得成功，从而可根据地物光谱形态特征来定量化和自动化地判断岩石矿物成分、生物地球化学过程和地表景观参数。未来的地球观测系统是一个由卫星和传感器交互式连接而成的网络。

只有双天线星载雷达才有可能获得同一成像条件下的真正的干涉雷达数据，以方便地生成描述地形地貌的数字高程模型和研究地表三维形变。目前的重复轨道(Repeat Orbit)法获得的干涉雷达数据，由于受地表和大气等成像条件的变化，形成好的干涉图像的成功率较低。但星载150～200m基线的双天线技术无疑也是对航天技术的一个挑战，我国目前正在研发之中。

此外，激光断面扫描仪(Laser Scanner)也是近几年来引起广泛兴趣并成为研制热点之一的传感器系统，其作用是直接用于测定地面高程，从而建立数字高程模型。它向地面发射高频激光波束并接受反射波，精确地记录波束传输时间。传感器的位置和姿态参数由GPS和INS精确确定。根据传感器的位置和姿态以及激光波束的传输时间，即可精确测定地面的高程(达到分米级)。加拿大、美国、荷兰、德国等国家相继推出了航空激光扫描仪系统，并和CCD成像集成。

## 第二节　遥感信息传输与预处理

随着遥感技术，特别是航天遥感的迅速发展，如何将传感器收集到的大量遥感信息正确、及时地送到地面并迅速进行预处理，以提供给用户使用，成为一个非常关键的问题。在整个遥感技术系统中，信息的传输与预处理设备的耗资是很大的。

### 一、遥感信息的传输

传感器收集到的被测目标的电磁波，经不同形式直接记录在感光胶片或磁带(高密度数据磁带HDDT或计算机兼容磁带CCT)上，或者通过无线电发送到地面被记录下来。遥感信息的传输有模拟信号传输和数字信号传输两种方式。模拟信号传输是指将一种连续变化的电源与电压表示的模拟信号经过放大和调制后用无线电传输。数字信号传输是指将模拟信号转换为数字形式进行传输。

由于遥感信息的数据量相当大，要在卫星过境的短时间内将获得的信息数据全部传输到地面是有困难的，因此，在信息传输时要进行数据压缩。

## 二、遥感信息的预处理

从航空或航天飞行器的传感器上收到的遥感信息因受传感器性能、飞行条件、环境因素等影响，在使用前要进行多方面的预处理才能获得反映目标实际的真实信息。遥感信息预处理主要包括数据转换、数据压缩和数据校正。这部分工作是在提供给用户使用前进行的。

1.数据转换

由于所接收到的遥感数据记录形式与数据处理系统的输入形式不一定相同，而处理系统的输出形式与用户要求的形式也可能不同，所以必须进行数据转换。同时，在数据处理过程中也都存在数据转换的问题。数据转换的形式与方法有模数转换、数模转换、格式转换等。

2.数据压缩

传送到遥感图像数据处理机构的数据量是十分庞大的。目前虽然用电子计算机进行数据预处理，但数据处理量和处理速度仍然跟不上数据收集量。所以在图像预处理过程中，还要进行数据压缩，其目的是为了去除无用的或多余的数据，并以特征值和参数的形式保存有用的数据。

3.数据校正

由于环境条件的变化、仪器自身的精度和飞行姿态等因素的影响，因而会导致一系列的数据误差。为了保证获得信息的可靠性，必须对这些有误差的数据进行校正。校正的内容主要有辐射校正和几何校正。

4.辐射校正

传感器从空间对地面目标进行遥感观测，所接收到的是一个综合的辐射量，除有遥感研究最有用的目标本身发射的能量和目标反射的太阳能外，还有周围环境如大气发射与散射的能量、背景照射的能量等。因此，有必要对辐射量进行校正。校正的方式有两种，即对整个图像进行补偿或根据像点的位置进行逐点校正。

5.几何校正

为了从遥感图像上求出地面目标正确的地理位置，使不同波段图像或不同时期、不同传感器获得的图像相互配准，有必要对图像进行几何校正，以改正各种因素引起的几何误差。几何误差包括飞行器姿态不稳定及轨道变化所造成的误差、地形高差引起的投影差和地形产生的阴影、地球曲率产生的影像歪斜、传感器内部成像性能引起的影像线性和非线性畸变所造成的误差等。

将经过上述预处理的遥感数据回放成模拟像片或记录在计算机兼容磁带上,才可以提供给用户使用。

## 第三节 遥感影像数据处理

### 一、概述

遥感影像数据的处理分为几何处理、灰度处理、特征提取、目标识别和影像解译。几何处理依照不同传感器的成像原理有所不同,对于无立体重叠的影像主要是几何纠正和形成地学编码,对于有立体重叠的卫星影像,还要解求地面目标的三维坐标和建立数字高程模型(DEM)。几何处理分为星地直接解和地星反求解。星地直接解是依据卫星轨道参数和传感器姿态参数空对地直接求解。地星反求解是依据地面若干控制点的三维坐标反求变换参数,有各种近似和严格解法。利用求出的变换参数和相应的成像方程,便可求出影像上目标点的地面坐标。

影像的灰度处理包括图像复原和图像增强、影像重采样、灰度均衡、图像滤波。图像增强包括反差增强、边缘增强、滤波增强和彩色增强。不同传感器、不同分辨率、不同时期的数据可以通过数据融合的方法获得更高质量、更多信息量的影像。

特征提取是从原始影像上通过各种数学工具和算子提取用户有用的特征,如结构特征、边缘特征、纹理特征、阴影特征等。目标识别则是从影像数据中人工或自动/半自动地提取所要识别的目标,包括人工地物和自然地物目标。影像解译是对所获得的遥感图像用人工或计算机方法对图像进行判读,对目标进行分类。图像解译可以用各种基于影像灰度的统计方法,也可以用基于影像特征的分类方法,还可以从影像理解出发,借助各种知识进行推理。这些方法也可以相互组合形成各种智能化的方法。

### 二、雷达干涉测量和差分雷达干涉测量

除了利用两张重叠的亮度图像进行类似立体摄影测量方法的立体雷达图

像处理外，雷达干涉测量（InSAR）和差分雷达干涉测量（D－InSAR）被认为是当代遥感中的重要新成果。最近美国“奋进号”航天飞机上双天线雷达测量结果使人们更加关注这一技术的发展。

雷达测量与光学遥感有明显的区别，它不是中心投影成像，而是距离投影，获得的是相位和振幅记录，组成为复雷达图像。

所谓雷达干涉测量是利用复雷达图像的相位差信息来提取地面目标地形三维信息的技术，而差分雷达干涉测量则是利用复雷达图像的相位差信息来提取地面目标微小地形变化信息的技术。此外，雷达相干测量是利用复雷达图像的相干性信息来提取地物目标的属性信息。

获取立体雷达图像的干涉模式主要有沿轨道法（见图2－5）、垂直轨道法（见图2－6）、重复轨道法（见图2－7）。

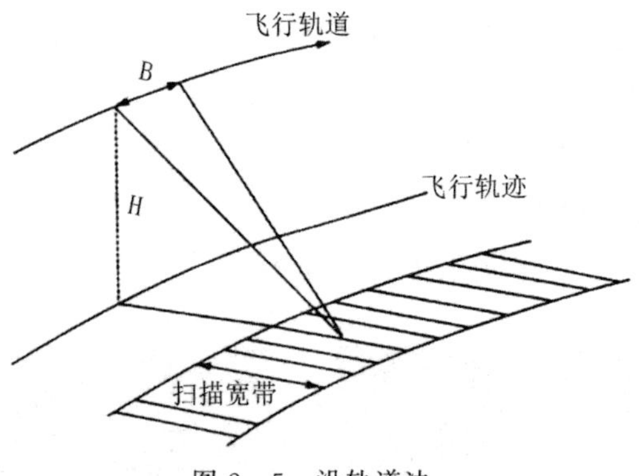


图2－5　沿轨道法

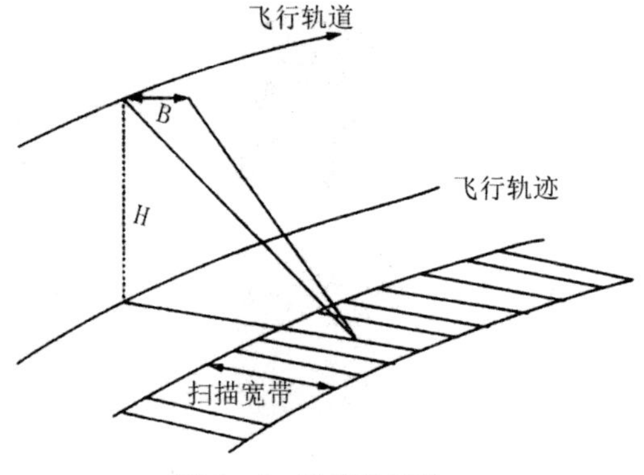


图2－6　垂直轨道法

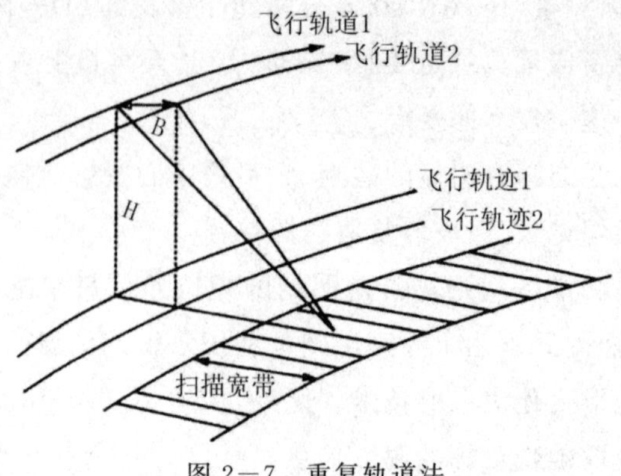


图 2—7 重复轨道法

美国一直利用航天飞机进行各种雷达遥感工作，并取得很好的成果。特别是美国“奋进号”航天飞机，在 60m 长的杆子两端分别装设两个雷达天线，接收合成孔径雷达(C/X)波段的反射(偏振)波信号，然后传输给地面站，实现数字地形图具有 10～16m 地面高程分辨率和 30m 的水平分辨率，且仅用 9.5 天时间就获得了全球陆地 75％的干涉测量数据。

1.雷达干涉测量原理

雷达干涉测量可简单地用图 2—8 来表示。

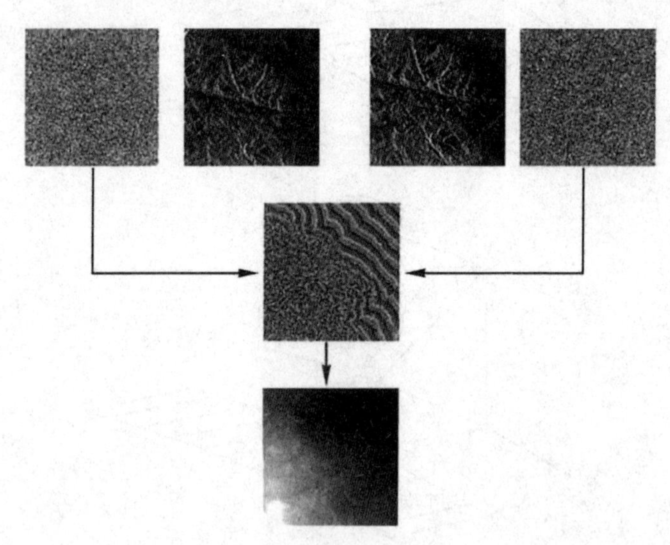

图 2—8 雷达干涉测量

雷达干涉测量的数据处理包括：用轨道参数法或控制点测定基线，图像粗配准和精配准，最终要达到 1/10 像元的精度才能保证获得较好的干涉图像；随后进行相位解缠。其中最常用的方法有枝切法、最小二乘法、基于网络规划的算法等。这是一个十分重要的、有难度的工作，相当于 GPS 相位测量中的整周模糊度的求解。其数据处理流程如图 2—9 所示。必须指出，目前的卫星雷达干涉测量采用的是重复轨道法。构成基线的两幅雷达记录有时差，就可能由于地面湿度不同使后向反射强度产生差异，从而引起影像配准的困难。所以，现在人们把注意力集中在攻克双天线雷达成像技术上。

国内外的研究表明，利用欧空局 ERS—1 和 ERS—2 相隔一天的雷达记录，可测定满足 1∶25000 比例尺的高程测量精度的 DEM，而且它对细微地貌形态表示优于一般的双像立体摄影测量。

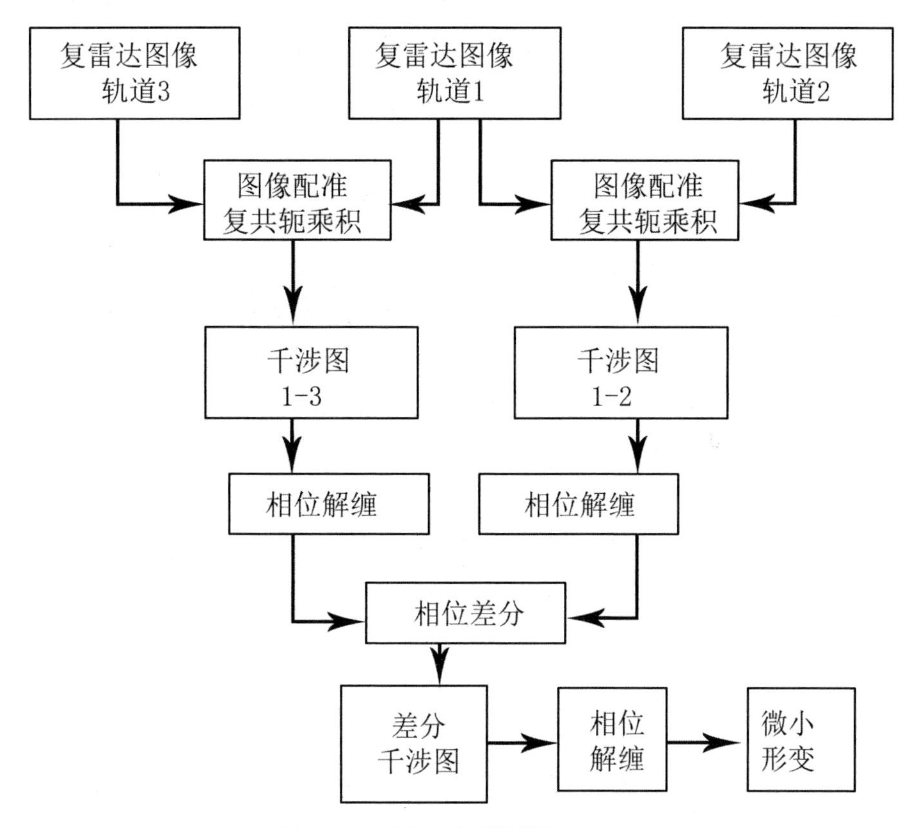


图 2—9　干涉雷达测量数据处理流程

2.差分雷达干涉测量原理

差分雷达干涉测量的成像几何可以3轨道法为例(如图2－10所示)。

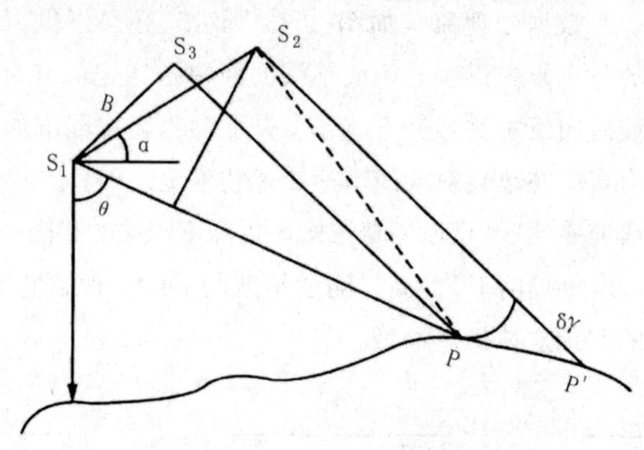


图2－10　3轨道差分雷达干涉测量原理

根据有关几何关系及公式可导出差分干涉测量的主要关系式：

$$\Phi \frac{4\pi}{\lambda}(d\gamma-\delta\gamma)-\frac{4\pi}{\lambda}d\gamma+\frac{4\pi}{\lambda}(-\delta\gamma)$$

$$\delta\lambda-\frac{\lambda}{4\pi}(\Phi-\frac{4\pi}{\lambda}d\gamma)$$

差分干涉雷达测量的最大优点是能从几百千米的高度上获得毫米至厘米级的地表三维形变。

如果利用永久散射体的特点进行D－InSAR,这些永久散射体(PS)可以起到很好的控制作用,从而提高差分干涉测量的精度(达到3～4mm)。

## 第四节　遥感技术的应用

遥感技术的应用涉及各行各业、方方面面。这里简要列举其在民国经济建设中的主要应用。

### 一、在国家基础测绘和建立空间数据基础设施中的应用

各种分辨的遥感图像是建立数字地球空间数据框架的主要来源,可以形成反映地表景观的各种比例尺影像数据库(DOM);可以用立体重叠影像生成数字高程模型数据库(DEM);还可以从影像上提取地物目标的矢量图形信息(DLG)。另外,由于遥感卫星能长年地、周期地和快速地获取影像数据,这为空

间数据库和地图更新提供了最好的手段。

## 二、在铁路、公路设计中的应用

航空航天遥感技术可以为线路选线和设计提供各种几何和物理信息，包括断面图、地形图、地质解译、水文要素等信息，已在我国主要新建的铁路线和高速公路线的设计和施工中得到广泛应用，特别在西部开发中，由于该地区人烟稀少，地质条件复杂，遥感手段更有其优势。

## 三、在农业中的应用

遥感技术在农业中的应用主要包括：利用遥感技术进行土地资源调查与监测、农作物生产与监测、作物长势状况分析和生长环境的监测。基于 GPS、GIS 和农业专家系统相结合，可以实现精准农业。

## 四、在林业中的应用

森林是重要的生物资源，具有分布广、生长期长的特点。由于人为因素和自然原因，森林资源会经常发生变化，因此，利用遥感手段及时准确地对森林资源进行动态变化监测，掌握森林资源的变化规律，具有重要社会、经济和生态意义。

利用遥感手段可以快速地进行森林资源调查和动态监测，可以及时地进行森林虫害的监测，定量地评估由于空气污染、酸雨及病虫害等因素引起的林业危害。遥感的高分辨率图像还可以参与和指导森林经营和运作。

气象卫星遥感是发现和监测森林火灾的最快速和最廉价手段。可以掌握起火点、火灾通过区域、灭火过程、灾情评估和过火区林木的恢复情况。

## 五、在煤炭工业中的应用

煤炭是中国的主要能源之一，占全国能源消耗总量的 70％以上。煤炭工业的发展部署对国民经济的发展具有直接的影响由于行业的特殊性，煤炭工业长期处于劳动密集型的低技术装备状况，从煤田地质勘探、矿井建设到采煤生产各阶段都一直靠“人海战术”。因此,如何在煤炭工业领域引入高新技术,是中国政府和煤炭系统科研人员的共同愿望。

中国煤炭工业规模性应用航空遥感技术始于20世纪60年代。当时煤炭部航测大队的成立,标志着中国煤炭步入真正应用航空遥感阶段。到20世纪70年代末、80年代初,煤炭部遥感地质应用中心的成立拉开了航天遥感应用于煤炭工业的序幕。

研究煤层在光场、热场内的物性特征,是煤炭遥感的基础工作。

大量研究表明,煤层在光场中具有如下反射特征:煤层在0.4～0.8μm波段,反射率小于10%;在0.9～0.95μm之间出现峰值,峰值反射率小于12%;在0.95～1.1μm之间,反射率平缓下降。煤层与其他岩石相比,反射率最低,在0.4～1.1μm波段中,煤层反射率低于其他岩石5%～30%。

煤层在热场中具有周期性的辐射变化规律,即煤层在地球的周日旋转中,因受太阳电磁波的作用不同,冷热异常交替出现,白天在日过上中天后出现热异常;夜间在日落到日出之间出现冷异常。因此,热红外遥感是煤炭工业的最佳应用手段。利用各种摄影或扫描手段获取的热红外遥感图像,可用于识别煤层,探测煤系地层。

遥感技术在煤炭工业中的主要应用包括:煤田区域地质调查,煤田储存预测,煤田地质填图,煤炭自燃,发火区圈定、界线划分、灭火作业及效果评估,煤矿治水、调查井下采空后的地面沉陷,煤炭地面地质灾害调查,煤矿环境污染及矿区土复耕等。

### 六、在油气资源勘探中的应用

油气资源勘探与其他领域一样,由于遥感技术的迅速渗透而充满生机。油气资源遥感勘探以其快速、经济、有效等特点而引人瞩目,受到国内外油气勘探部门的高度重视。20世纪80年代以来,美国、苏联、日本、澳大利亚、加拿大等国都进行了油气遥感勘探方法的试验研究。例如,美国于1980－1984年间分别在怀俄明州、西弗吉尼亚州、得克萨斯州选择了三个油气区,利用TM图像,结合地球化学和生物地球化学方法,进行油气资源遥感勘探研究。自1977年起,我国地矿部先后在塔里木、柴达木等地进行了油气资源遥感勘探研究,取得了不少成果和实践经验。

目前,国内外的油气遥感勘探主要是基于TM图像提取烃类微渗漏信息。

地物波谱研究表明,2.2μm 附近的电磁波谱适宜鉴别岩石蚀变带,用 TM 影像检测有一定的效果。但 TM 图像相对较粗的光谱分辨率和并不覆盖全部需要的波段工作范围,影响其提取油气信息。20 世纪 90 年代蓬勃发展的成像光谱遥感技术,因其具有很高的光谱分辨率和灵敏度,将在油气资源遥感勘探中发挥更大的作用。

利用遥感方法进行油气藏靶区预测的理论基础是:地下油气藏上方存在着烃类微渗漏,烃类微渗漏导致地表物质产生理化异常。主要的理化异常类型有土壤烃组分异常、红层褪色异常、黏土丰度异常、碳酸盐化异常、放射性异常、热惯量异常、地表植被异常等。油气藏烃类渗漏引起地表层物质的蚀变现象必然反映在该物质的波段特征异常上。大量室内、野外原油及土壤波谱测量表明:烃类物质在 1.725μm、1.760μm、2.310μm 和 2.360μm 等处存在一系列明显的特征吸收谷,而在 2.30～2.36μm 波段间以较强的双谷形态出现。遥感方法通过测量特定波段的波谱异常,可预测对应的地下油气藏靶区。

由于土壤中的一些矿物质(如碳酸盐矿物质)的吸收谷也在烃类吸收谷的范围,这给遥感探测烃类物质带来了困难,因此,要区分烃类物质的吸收谷必须实现窄波段遥感探测,即要求传感器具有高光谱分辨率的同时具有高灵敏度。

近年来发展的机载和卫星成像光谱仪是符合上述要求的新型成像传感器。例如,中科院上海技术物理所研制的机载成像光谱仪,通过细分光谱来提高遥感技术对地物目标分类和目标特性识别的能力。如可见光/近红外(0.64～1.1μm)设置 32 个波段,光谱取样间隔为 20mm;短波红外(1.4～2.4μm)设置 32 个波段,光谱间隔为 25mm;8.20～12.5μm 热红外波段细分为 7 个波段。成像光谱仪的工作波段覆盖了烃类微渗漏引起地表物质"蚀变"异常的各个特征波谱带,是检测烃类微渗漏特征吸收谷的较为有效的传感器。通过利用成像光谱图像结合地面光谱分析及化探数据分析进行油气预测靶区圈定的试验,证明成像光谱仪是一种经济、快速、可靠性好的非地震油气勘探技术,将在油气资源勘探中发挥重要的作用。

## 七、在地质矿产勘查中的应用

遥感技术为地质研究和勘查提供了先进的手段,可为矿产资源调查提供重要依据和线索,对高寒、荒漠和热带雨林地区的地质工作提供有价值的资料。特别是卫星遥感,为大区域甚至全球范围的地质研究创造了有利条件。

遥感技术在地质调查中的应用主要是利用遥感图像的色调、形状、阴影等标志解译出地质体类型、地层、岩性、地质构造等信息，为区域地质填图提供必要的数据。

遥感技术在矿产资源调查中的应用主要是根据矿床成因类型，结合地球物理特征，寻找成矿线索或缩小找矿范围，通过成矿条件的分析，提出矿产普查勘探的方向，指出矿区的发展前景。

在工程地质勘查中，遥感技术主要用于大型堤坝、厂矿及其他建筑工程选址、道路选线以及由地震或暴雨等造成的灾害性地质过程的预测等方面。例如，山西大同某电厂选址、京山铁路改线设计等，由于从遥感资料的分析中发现过去资料中没有反映的隐伏地质构造，通过改变厂址与选择合理的铁路线路，在确保工程质量与安全方面起了重要的作用。

在水文地质勘查中，则利用各种遥感资料（尤其是红外摄影、热红外扫描成像）查明区域水文地质条件、富水地貌部位，识别含水层及判断充水断层。如美国在夏威夷群岛用红外遥感方法发现200多处地下水露点，解决了该岛所需淡水的水源问题。

近些年来，我国高等级公路建设如雨后春笋般进入了新的增长时期，如何快速有效地进行高等级公路工程地质勘查，是地质勘查面临的一个新问题。通过多条线路的工程地质和地质灾害遥感调查的研究表明，遥感技术完全可应用于公路工程地质勘查。

遥感工程地质勘查要解决的主要问题如下。

（1）岩性体特征分析。主要应查明岩性成分、结构构造、岩相、厚度及变化规律、岩体工程地质特征和风化特征，并应特别重视对软弱黏性土、胀缩黏土、湿陷性黄土、冻土、易液化饱和土等特殊性质土的调查。

（2）灾害地质现象调查。即对崩塌、滑坡、泥石流、岩溶塌陷、煤田采空区的分布状况及沿路地带稳定性评价进行研究。

（3）断层破碎带的分布及活动断层的活动性分析研究也是遥感工程地质勘查的研究内容。

## 八、在水文学和水资源研究中的应用

遥感技术既可观测水体本身的特征和变化，又能够对其周围的自然地理条件及人文活动的影响提供全面的信息，为深入研究自然环境和水文现象之间的相互关系，进而揭露水在自然界的运动变化规律创造了有利条件。同时由于卫星遥感对自然界环境动态监测比常规方法更全面、仔细、精确，且能获得全球环境动态变化的大量数据与图像，这在研究区域性的水文过程，乃至全球的水文循环、水量平衡等重大水文课题中具有无比的优越性。因此，在陆地卫星图像广泛的实际应用中，水资源遥感已成为最引人注目的一个方面，遥感技术在水文学和水资源研究中发挥了巨大的作用。在美国陆地卫星图像应用中，水文学和水资源方面所得的收益首屈一指，其中减少洪水损失和改进灌溉这两项就占陆地卫星应用总收益的41.3%。

遥感技术在水文学和水资源研究方面的应用主要有：水资源调查、水文情报预报和区域水文研究。

利用遥感技术不仅能确定地表江河、湖沼和冰雪的分布、面积、水量和水质，而且对勘测地下水资源也是十分有效的。在青藏高原地区，经对遥感图像解译分析，不仅对已有湖泊的面积、形状修正得更加准确，而且还新发现了500多个湖泊。

地表水资源的解译标志主要是色调和形态，一般来说，对可见光图像，水体混浊、浅水沙底、水面结冰和光线恰好反射入镜头时，其影像为浅灰色或白色；反之，水体较深或水体虽不深但水底为淤泥，则其影像色调较深。对彩红外图像来说，由于水体对近红外有很强的吸收作用，所以水体影像呈黑色，它和周围地物有着明显的界线。对多光谱图像来说，各波段图像上的水体色调是有差异的，这种色调差异也是解译水体的间接标志。利用遥感图像的色调和形态标志，可以很容易地解译出河流、沟渠、湖泊、水库、池塘等地表水资源。

埋藏在地表以下的土壤和岩石里的水称为地下水，它是一种重要资源。按照地下水的埋藏分布规律，利用遥感图像的直接和间接解译标志，可以有效地寻找地下水资源。一般来说，遥感图像所显示的古河床位置、基岩构造的裂隙及其复合部分、洪积扇的顶端及其边缘、自然植被生长状况好的地方均可找到地下水。

地下水露头、泉水的分布在8～14μm的热红外图像上显示最为清晰。由于地下水和地表水之间存在温差，因此，利用热红外图像能够发现泉眼。

用多光谱卫星图像寻找地下浅层淡水及其分布规律也有一定的效果。例如，我国通过对卫星像片色调及形状特征的解译分析，发现惠东北地区植被特征与地下浅层淡水密切相关，而浅层淡水空间分布又与古河道密切相关，由此可较容易地圈出惠东北地区浅层淡水的分布。

水文情报的关键在于及时准确地获得各有关水文要素的动态信息。以往主要靠野外调查及有限的水文气象站点的定位观测，很难控制各要素的时空变化规律，在人烟稀少、自然环境恶劣的地区更难获取资料。而卫星遥感技术则能提供长期的动态监测情报。国内外已利用遥感技术进行旱情预报、融雪经流预报和暴雨洪水预报等。遥感技术还可以准确确定产流区及其变化，监测洪水动向，调查洪水泛滥范围及受涝面积和受灾程度等。

在区域水文研究方面，已广泛利用遥感图像绘制流域下垫面分类图，以确定流域的各种形状参数、自然地理参数和洪水预报模型参数等。此外，通过对多种遥感图像的解译分析，还可进行区域水文分区、水资源开发利用规划、河流分类、水文气象站网的合理布设、代表流域的选择以及水文实验流域的外延等一系列区域水文方面的研究工作。

### 九、在海洋研究中的应用

海洋覆盖着地球表面积的71%，容纳了全球97%的水量，为人类提供了丰富的资源和广阔的活动空间。随着人口的增加和陆地非再生资源的大量消耗，开发利用海洋对人类生存与发展的意义日显重要。据统计，全世界海洋经济总产值到1985年为3500亿美元，如今已突破1万亿美元。

因为海洋对人类非常重要，所以，国内外多年来投入了大量的人力和物力，利用先进的科学技术以求全面而深入地认识和了解海洋，指导人们科学合理地开发海洋，改善环境质量，减少损失。常规的海洋观测手段时空尺度有局限性，因此不可能全面、深刻地认识海洋现象产生的原因，也不可能掌握洋盆尺度或全球大洋尺度的过程和变化规律。在过去的20年中，随着航天、海洋电子、计算机、遥感等科学技术的进步，产生了崭新的学科——卫星海洋学。它形成了从海洋状态波谱分极到海洋现象判读等一套完整的理论与方法。海洋卫星遥感与常规的海洋调查手段相比具有许多独特优点：第一，它不受地理位置、天气和人为条件的限制，可以覆盖地理位置偏远、环境条件恶劣的海区及由于政治原因不能直接进行常规调查的海区。卫星遥感是全天时的，其中微波遥感是全天候的。第二，卫星遥感能提供大面积的海面图像，每个像幅的覆盖面积达上千平方千米。对海洋资源普查、大面积测绘制图及污染监测都极为有利。第三，卫星遥感能周期性地监视大洋环流、海面温度场的变化、鱼群的迁移、污染物的运移等。第四，卫星遥感获取海洋信息量非常大。以美国发射的海洋卫星

(Seasat－1)为例，虽然它在轨有效运行时间只有105天，但它所获得的全球海面风向风速资料相当于20世纪以前所有船舶观测资料的总和，星上的微波辐射计对全球大洋做了100多万次海面温度测量，相当于过去50年来常规方法测量的总和。第五，能进行同步观测风、流、污染、海气相互作用和能量收支平衡等。海洋现象必须在全球大洋同步观测，这只有通过海洋卫星遥感才能做到。

目前常用的海洋卫星遥感仪器主要有雷达散射计、雷达高度计、合成孔径雷达(SAR)、微波辐射计及可见光/红外辐射计、海洋水色扫描仪等。

此外，可见光/近红外波段中的多光谱扫描仪(MSS、TM)和海岸带水色扫描仪(CZCS)均为被动式传感器。它能测量海洋水色、悬浮泥沙、水质等，在海洋渔业、海洋环境污染调查与监测、海岸带开发及全球尺度海洋科学研究中均有较好的应用。

## 十、在环境监测中的应用

目前，环境污染已成为许多国家的突出问题，利用遥感技术可以快速、大面积监测水污染、大气污染和土地污染以及各种污染导致的破坏和影响。近些年来，我国利用航空遥感进行了多次环境监测的应用试验，对沈阳等多个城市的环境质量和污染程度进行了分析和评价，包括城市热岛、烟雾扩散、水源污染、绿色植物覆盖指数以及交通量等的监测，都取得了重要成果。国家海洋局组织的在渤海湾海面油溢航空遥感实验中，发现某国商船在大沽锚地违章排污事件以及其他违章排污船20艘，并及时作了处理，在国内外产生了较大影响。

随着遥感技术在环境保护领域中的广泛应用，一门新的科学——环境遥感诞生了。环境遥感是利用遥感技术揭示环境条件变化、环境污染性质及污染物扩散规律的一门科学。环境条件如气温、湿度的改变和环境污染大多会引起地物波谱特征发生不同程度的变化，而地物波谱特征的差异正是遥感识别地物的最根本的依据。这就是环境遥感的基础。

从各种受污染植物、水体、土壤的光谱特性来看，受污染地物与正常地物的光谱反射特征差异都集中在可见光、红外波段，环境遥感主要通过摄影与扫描两种方式获得环境污染的遥感图像：摄影方式有黑白全色摄影、黑白红外摄影、天然彩色摄影和彩色红外摄影。其中以彩色红外摄影应用最为广泛，影像上污染区边界清晰，还能鉴别农作物或其他植物受污染后的长势优劣。这是因为受污染地物与正常地物在红外部分光谱反射率有较大的差异。扫描方式主要有多光谱扫描和红外扫描。多光谱扫描常用于观测水体污染;红外扫描能获得地物的热影像,用于大气和水体的热污染监测。

影响大气环境质量的主要因素是气溶胶含量和各种有害气体。对城市环境而言,PM2.5 含量过高和城市热岛也是一种大气污染现象。

遥感技术可以有效地用于大气气溶胶监测、有害气体测定和城市热岛效应的监测与分析。

在江河湖海各种水体中,污染种类繁多。为了便于用遥感方法研究各种水污染,习惯上将其分为泥沙污染、石油污染、废水污染、热污染和富营养化等几种类型。对此,可以根据各种污染水体在遥感图像上的特征,对它们进行调查、分析和监测。

土地环境遥感包括两个方面的内容:一是指对生态环境受到破坏的监测,如沙漠化、盐碱化等;二是指对地面污染如垃圾堆放区、土壤受害等的监测。

遥感技术目前已在生态环境、土壤污染和垃圾堆与有害物质堆积区的监测中得到广泛应用。

## 十一、在洪水灾害监测与评估中的应用

洪水灾害是一种骤发性的自然灾害,其发生大多具有一定的突然性,持续时间短,发生的地域易于辨识。但是,人们对洪水灾害的预防和控制则是一个长期的过程。从洪灾发生的过程看,人类对洪灾的反应可划分为以下四个阶段。

1.洪水控制与洪水综合管理

通过“拦、蓄、排”等工程与非工程措施,改变或控制洪水的性质和流路,使“水让人”;通过合理规划洪泛区土地利用,保证洪水流路的畅通,使“人让水”。这是一个长期的过程,也是区域防洪体系的基础。

2.洪水监测、预报与预警

在洪水发生初期,通过地面的雨情及水情观测站网,了解洪水实时状况;借助于区域洪水预报模型,预测区域洪水发展趋势,并即时、准确地发出预警消息。这个过程视区域洪水特征而定,持续时间有长有短,一般为 2～3 天,有时更短,如黄河三花间洪水汇流时间仅有 8～10h。

3.洪水灾情监测与防洪抢险

随着洪水水位的不断上涨,区域受灾面积不断扩大,灾情越来越严重。这时除了依靠常规观测站网外,还需利用航天、航空遥感技术实现洪水灾情的宏观监测。在得到预警信息后,要及时组织抗洪队伍,疏散灾区居民,转移重要物资,保护重点地区。

4.洪灾综合评估与减灾决策分析

洪灾过后,必须及时对区域的受灾状况作出准确的估算,为救灾物资投放提供信息和方案,辅助地方政府部门制订重建家园、恢复生产规划。

这四个阶段是相互联系、相互制约而又相互衔接的。若从时效和工作性质上看,这四个阶段的研究内容可归结为两个层次,即长期的区域综合治理与工程建设以及洪水灾害监测预报与评估。

遥感和地理信息系统相结合,可以直接应用于洪灾研究的各个阶段,实现洪水灾害的监测和灾情评估分析。

## 十二、在地震灾害监测中的应用

地震的孕育和发生与活动构造密切相关。许多资料表明:多组主干断裂或群裂的复合部位,横跨断陷盆地或断陷盆地间有横向构造穿越的部位以及垂直差异运动和水平错动强烈的部位(如在山区表现为构造地貌对照性强烈,在山麓带表现为凹陷向隆起转变的急剧,在平原表现为水系演变的活跃)等,是多数破坏性强震发生的关键位置。例如我国 1976 年 7 月 28 日发生的 7.8 级唐山大地震,就是在五组主干断裂交汇的构造背景上发生的。对于这一特定的构造背景,震前很少了解,而在卫星图像上却表现得十分清晰。因此,为了预报地震,特别要深入揭示和监测活动构造带中潜在的发生破坏性强震的特定的构造背景。

我国大陆受欧亚板块与印度板块的挤压,主应力为南北向压应力。同时,在地球自转(北半球)顺时针转动和大陆漂移、海底扩张、太平洋板块的俯冲作用的共同影响下,形成扭动剪切面,主要表现为我国大陆被分割成三个大的基本地块,即西域地块、西藏地块、华夏地块。各地块之间的接合部位多为深大断裂带、缝合线或强烈褶皱带。这里是地壳薄弱地带,新构造运动及地震活动最为强烈。大量事实说明,任何破坏性强震都发生在特定的构造背景。对于我国这样一个多震的国家,利用卫星图像进行地震地质研究,尽早地揭示出可能发生破坏性强震的地区及其构造背景，合理布置观测台站，有针对性地确定重点监视地区，是一项刻不容缓的任务。

地震前出现热异常早已被人们发现，它是用于地震预报监测的指标之一。但是，如何区分震前热异常一直是当代地震预报中的一个难题，因为在地面布设台站进行各项地震活动的地球化学和物理现象的观测，一是很难布设这么大的范围，二是瞬时变化很难捕捉到。卫星遥感技术的测量速度快，覆盖面积大，卫星红外波段所测各界面（地面、水面及云层面）的温度值高以及其多时相观测特性，使得用卫星遥感技术观测震前温度异常可以克服地面台站观测的缺点。

此外，遥感技术在现代战争中的应用也是不言而喻的。战前的侦察、敌方目标监测、军事地理信息系统的建立、战争中的实时指挥、武器的制导、数字化战场的仿真、战后的作业效果评估等都需要依赖高分辨率卫星影像和无人飞机侦察的图像，这里不再一一叙述。

可以肯定地讲，遥感的近代飞速发展，已经形成自身的科学和技术体系。

# 第三章　空间数据库与数据模型

## 第一节　数据库概述

数据库技术是20世纪60年代初开始发展起来的一门数据管理自动化的综合性新技术。数据库的应用领域相当广泛，从一般的事务处理到各种专门化的存储与管理，都可以建立不同类型的数据库。建立数据库不仅是为了保存数据、扩展人的记忆，而且也是为了帮助人们去管理和控制与这些数据相关联的事务。地理信息系统中的数据库就是一种专门化的数据库，由于这类数据库具有明显的空间特征，所以把它称为空间数据库，空间数据库的理论与方法是地理信息系统的核心问题。

### 一、数据库的定义

数据库就是为了一定的目标，在计算机系统中以特定的结构组织、存储和应用相关联的数据集合。

计算机对数据的管理经历了三个阶段，即最早的程序管理阶段、后来的文件管理阶段、现在的数据库管理阶段。其中，数据库是数据管理的高级阶段，与传统的数据管理相比，有许多明显的区别，其中主要的有两点：一是数据独立于应用程序而集中管理，实现了数据共享，减少了数据冗余，提高了数据的效益；二是在数据间建立了联系，从而使数据库能反映出现实世界中信息的联系。

地理信息系统的数据库是某区域内关于一定地理要素特征的数据集合。

## 二、数据库系统包含的内容

数据库系统一般由 4 个部分组成。

(1)数据库。即存储在磁带、磁盘、光盘或其他外存介质上、按一定结构组织在一起的相关数据的集合。

(2)数据库管理系统(DBMS)。它是一组能完成描述、管理、维护数据库的程序系统。它按照一种公用的和可控制的方法完成插入新数据、修改和检索原有数据的操作。

(3)数据库管理员(DBA)。

(4)用户和应用程序。

## 三、数据库的主要特征

数据库方法与文件管理方法相比,具有更强的数据管理能力。数据库系统具有以下主要特征。

1.实现数据共享

数据共享包含所有用户可同时存取数据库中的数据,也包括用户可以用各种方式通过接口使用数据库,并提供数据共享。

2.减少数据的冗余度

同文件系统相比,由于数据库实现了数据共享,从而避免了用户各自建立应用文件,减少了大量重复数据,减少了数据冗余,维护了数据的一致性。

3.保证数据的独立性

数据的独立性包括数据库中数据库的逻辑结构和应用程序相互独立,也包括数据物理结构的变化不影响数据的逻辑结构。

4.实现数据集中控制

文件管理方式中,数据处于一种分散的状态,不同用户或同一用户在不同处理中其文件之间毫无关系。利用数据库,可对数据进行集中控制和管理,并通过数据模型表示各种数据的组织以及数据间的联系。

5.数据一致性和可维护性,以确保数据的安全性和可靠性

主要包括:

(1)安全性控制:以防止数据丢失、错误更新和越权使用;

(2)完整性控制:保证数据的正确性、有效性和相容性;

(3)并发控制:使在同一时间周期内,允许对数据实现多路径存取,又能防止用户之间的不正常交互作用;

(4)故障的发现和恢复:由数据库管理系统提供一套方法,可及时发现故障和修复故障,从而防止数据被破坏。

6.故障修复

由数据库管理系统提供一套方法,可及时发现故障和修复故障,从而防止数据被破坏。数据库系统能尽快恢复数据库系统运行时出现的故障,可能是物理上或是逻辑上的错误,比如对系统的误操作造成的数据错误等。

## 四、数据库的系统结构

数据库是一个复杂的系统,目前世界上有数以百计的数据库系统,尽管种类不同,但它们的基本结构类似。数据库的基本结构可以分成三个层次:物理级、概念级和用户级。

1.物理级

物理级是数据库最内的一层,它是物理设备上实际存储的数据集合(物理数据库)。它是由物理模式描述的,这些数据是原始数据,是用户加工的对象,由内部模式描述的指令操作处理的位串、字符和字组成。

2.概念级

数据库的逻辑表示,包括每个数据的逻辑定义以及数据间的逻辑关系。它是由概念模式定义的,这一级也称为概念模型。它是数据库数据中的中间层,指出了每个数据的逻辑定义及数据间的逻辑关系,是数据库管理员概念下的数据库。

3.用户级

用户使用的数据库是一个或几个特定用户所使用的数据集合,是概念模型的逻辑子集,它是由外部模式定义的。

数据库不同层之间的关系是通过映射进行转换的。所谓映射,是指一种对应规则,指出映射双方如何转换,是实现数据独立的保证。当数据库中的物理性质发生变化时,只要相应地改变物理数据层与概念数据层之间的映射,就可以保证概念数据库层不变;同样地,可以保证概念数据层发生不变,从而保证了应用的不变性,实现了数据的物理独立性。逻辑的独立性由概念数据层和逻辑数据层之间的映射来完成。数据库管理系统的一个重要任务就是完成三个数据层之间的映射。

## 五、数据库管理系统

### 1.数据库管理系统的功能

数据库管理系统的主要目标是使数据作为一种可管理的资源来处理，其主要功能如下。

(1)数据定义。DBMS 提供数据定义语言 DDL(Data Definition Language)，供用户定义数据库的三级模式结构、两级映像以及完整性约束和保密限制等约束。DDL 主要用于建立、修改数据库的库结构。DDL 所描述的库结构仅仅给出了数据库的框架，数据库的框架信息被存放在数据字典(Data Dictionary)中。

(2)数据操作。DBMS 提供数据操作语言 DML(Data Manipulation Language)，供用户实现对数据的追加、删除、更新、查询等操作。

(3)数据库的运行管理。数据库的运行管理功能是 DBMS 的运行控制、管理功能，包括多用户环境下的并发控制、安全性检查和存取限制控制、完整性检查和执行、运行日志的组织管理、事务的管理和自动恢复。这些功能保证了数据库系统的正常运行。

(4)数据组织、存储与管理。DBMS 要分类组织、存储和管理各种数据，包括数据字典、用户数据、存取路径等，需确定以何种文件结构和存取方式在存储级上组织这些数据，如何实现数据之间的联系。数据组织和存储的基本目标是提高存储空间利用率，选择合适的存取方法提高存取效率。

(5)数据库的保护。数据库中的数据是信息社会的战略资源，所以数据的保护至关重要。DBMS 对数据库的保护通过 4 个方面来实现：数据库的恢复、数据库的并发控制、数据库的完整性控制、数据库安全性控制。DBMS 的其他保护功能还有系统缓冲区的管理以及数据存储的某些自适应调节机制等。

(6)数据库的维护。这一部分包括数据库的数据载入、转换、转储、数据库的重组合重构以及性能监控等功能，这些功能分别由各个使用程序来完成。

(7)数据库通信功能。DBMS 具有与操作系统的联机处理、分时系统及远程作业输入的相关接口，负责处理数据的传送。对于网络环境下的数据库系统，还应该包括 DBMS 与网络中其他软件系统的通信功能以及数据库之间的互操作功能。

2.数据库管理系统的组成

数据库管理系统实际上是很多程序的集合，它主要由下列几个部分组成。

(1)系统运行控制程序。用于实现对数据库的操作和控制，包括系统总的控制程序、存取保密控制程序等。

(2)语言处理程序。主要是实现数据库定义、操作等功能程序，包括数据库语言的编译程序、主语言的预编译程序、数据操作语言处理程序及终端命令解译程序等。

(3)建立和维护程序。主要实现数据的装入、故障恢复和维护，包括数据库装入程序、性能统计分析程序、转储程序、工作日志程序及系统恢复和重启动程序等。

## 六、数据词典

数据词典(Data Dictionary，DD)用来定义数据流图中的各个成分的具体含义，对数据流图中出现的每一个数据流、文件、加工给出详细定义。数据字典主要有四类条目：数据流、数据项、数据存储、基本加工。数据项是组成数据流和数据存储的最小元素。

数据词典存放数据库中有关数据资源的文件说明、报告、控制及检测等信息，大部分是对数据库本身进行监控的基本信息，所描述的数据范围包括数据项、记录、文件、子模式、模式、数据库、数据用途、数据来源、数据地理方式、事务作业、应用模块及用户等。

在数据词典中对数据所做的规范说明应包括以下内容：

符号：给每一数据项一个具有唯一性的简短标签；

标志符：标志数据项的名字，具有唯一性；

注解信息：描述每一数据项的确切含义；

技术信息：用于计算机处理，包括数据位数、数据类型、数据精度、变化范围、存取方法、数据处理设备以及数据处理的计算机语言等；

检索信息：列出各种起检索作用的数据数值清单、目录。

## 七、数据组织方式

数据是现实世界的信息的载体，是信息的具体表达形式。为了表达有意义的信息内容，数据必须按照一定的方式进行组织和存储。数据库中的数据组织一般可以分为四级：数据项、记录、文件和数据库。

1.数据项

数据项是可以定义数据的最小单位，也叫元素、基本项、字段等。数据项与现实世界实体的属性相对应。数据项有一定的取值范围，称为域。域以外的任何值对该数据项都是无意义的，如表示月份的数据项的域是1～12，15就是无意义的值。每个数据项都有一个名称，称为数据项目。数据项的值可以是数值、字母、汉字等形式。数据项的物理特点在于它具有确定的物理长度，一般用字节数表示。

几个数据项可以组合，构成组合数据项，如日期可以由日、月、年三个数据项组合而成。组合数据项也有自己的名字，可以作为一个整体来看待。

2.记录

记录由若干相关联的数据项组成，是应用程序输入、输出的逻辑单位。对大多数数据库系统，记录是处理和存储信息的基本单位。记录是关于一个实体的数据总和，构成该记录的数据项表示实体的若干属性。

记录有"型"和"值"的区别。"型"是同类记录的框架，它定义记录；"值"是记录反映实体的内容。

为了唯一地标识每个记录，就必须有记录标识符，也叫作关键字。记录标识符一般由记录中的第一个数据项担任，唯一标识记录的关键字称为主关键字，其他标识记录的关键字称为辅关键字。

3.文件

文件是一给定类型的记录的全部具体值的集合，用文件名称标识。文件根据记录的组织方式和存取方法可以分为顺序文件、索引文件、直接文件和倒排文件等。

4.数据库

数据库是比文件更大的数据组织，是具有特定联系的数据的集合，也可以看成是具有特定联系的多种类型的记录的集合。数据库的内部构造是文件的集合，这些文件之间存在某种联系，不能孤立存在。

### 八、数据间的逻辑关系

数据间的逻辑联系主要是指记录与记录之间的联系。实体之间存在着一种或多种联系，这样的联系必然要反映到记录之间的联系上来。数据之间的逻辑联系主要有如下三种。

1.一对一的联系

如果对于实体集A中的每一个实体，实体集B中有且只有一个实体与之联系，反之亦然，则称实体集A与实体集B具有一对一联系。例如，一所学校只有一个校长，一个校长只在一所学校任职，校长与学校之间的联系是一对一的联系。

2.一对多的联系

如果对于实体集A中的每一个实体，实体集B中有多个实体与之联系；反之，对于实体集B中的每一个实体，实体集A中至多只有一个实体与之联系，则称实体集A与实体集B有一对多的联系。例如，一所学校有许多学生，但一个学生只能就读于一所学校，所以学校和学生之间的联系是一对多的联系。

3.多对多的联系

如果对于实体集A中的每一个实体，实体集B中有多个实体与之联系，而对于实体集B中的每一个实体，实体集A中也有多个实体与之联系，则称实体集A与实体集B之间有多对多的联系。例如，一个读者可以借阅多种图书，任何一种图书可以为多个读者借阅，所以读者和图书之间的联系是多对多的联系。

## 第二节　数据库系统的数据模型

数据模型是数据库系统中关于数据和联系的逻辑组织的形式表示。每一个具体的数据库都由一个相应数据模型来定义。每一种数据模型都以不同的数据抽象与表达能力来反映客观事物，都有不同的处理数据联系的方式。数据模型的主要任务就是研究记录类型之间的联系。

目前，数据库领域采用的数据模型有层次模型、网络模型和关系模型，其中，应用最广泛的是关系模型。

## 一、层次模型

1.层次数据模型的概念

层次模型是数据库系统中最早出现的数据模型，层次数据库系统的典型代表是 IBM 公司的 IMS(Information Management System)数据库管理系统，这是 1968 年 IBM 公司推出的第一个大型的商用数据库管理系统，是世界上第一个 DBMS 产品。

层次模型用树型(层次)结构来表示各类实体与实体间的联系。现实世界中，许多实体之间的联系本来就呈现出一种自然的层次关系，如行政机构、家族关系等。因此，层次模型可自然地表达数据间具有层次规律的分类关系、概括关系、部分关系等，但在结构上有一定的局限性。

在数据库中定义满足下面两个条件的基本层次联系的集合为层次模型：

(1)有且只有一个节点，没有双亲节点，这个节点称为根节点；

(2)根以外的其他节点有且只有一个上一层的双亲节点以及若干个下一层的子女节点。

2.层次数据模型数据的组织

层次数据库的组织特点是用有向树结构表示实体之间的联系。树的每个节点表示一个记录类型，它是同类实体集合(结构)的定义。记录(类型)之间的联系用节点之间的连线(有向边)表示。上一层记录类型和下一层记录类型的联系是 1∶N 联系。这就使得层次数据库只能处理一对多的实体联系。

对于图 3－1 所示的地图 M，用层次模型表示为如图 3－2 所示的层次结构。

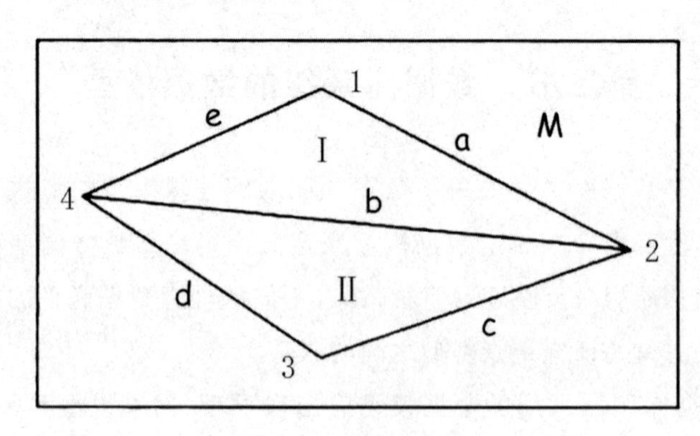


图 3－1　原始地图 M

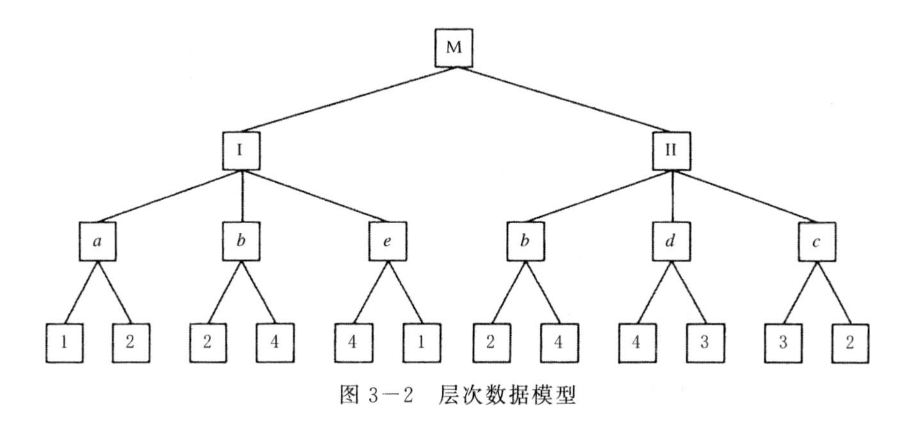


图 3—2　层次数据模型

3.层次数据模型的优缺点

层次数据模型的优点是:模型本身比较简单,易于实现;实体间的联系固定,对于预先定义好的应用系统,采用层次数据模型实现性能会较好。

层次数据模型的不足是:模型支持的联系类型少,只适合一对多的联系;对数据的插入和删除操作有较多限制,层次数据模型中对子女节点的存取操作必须通过对祖先节点的遍历才能进行。

层次模型的一个基本特点是记录之间的联系通过指针实现。任何一个给定的记录值只有按其路径查看才能显示它的全部意义,没有一个子女记录值能够脱离双亲记录值而独立存在。

## 二、网络模型

层次数据模型适合处理 1∶1 和 1∶N 的关系。现实世界中,不同的实体之间有许多是多对多的关系,即 M∶N 的关系,如教师和学生、部件和零件、学生和课程之间等,都构成复杂的网状关系。网状模型的数据组织是有向图结构,每个节点可有多个上级(父)节点。

最典型的网状数据模型是 DBTG(Data Base Task Group)系统,也称为 CODASYL 系统,这是 20 世纪 70 年代数据库系统语言研究会 CODASYL(Conference On Data System Language)下属的数据库任务组(Data Base Task Group)提出的一个系统方案。

1.网状数据模型的概念

网状模型是一种比层次模型更具有普遍性的结构,它去掉了层次模型的两个限制，允许多个节点没有双亲节点，也允许节点有多个双亲节点，此外，它还允许两个节点之间有多种联系（复合联系）。因此，采用网状模型，可以更直接地去描述现实世界，而层次模型实际上是网状模型的一个特例。

网状数据模型用有向图结构表示实体和实体之间的联系。有向图结构中的节点代表实体记录类型，连线表示节点间的关系，这一关系也必须是一对多的关系。然而，与树结构不同，网状数据模型中节点和连线构成的网状有向图具有较大的灵活性。

2.网状数据模型数据的组织

与层次模型一样，网状模型中的每个节点表示一个记录类型（实体），每个记录类型可包含若干个字段（实体的属性），记录（类型）之间的联系用节点之间的连线（有向边）表示。

从定义可以看出，层次模型中子女节点和双亲节点的联系是唯一的，而在网状模型中，这种联系可以不是唯一的。因此，要为每个联系命名，应指出与该联系有关的双亲记录和子女记录。

在网状数据模型中，虽然每个节点可以有多个父节点，但是每个双亲记录和子女记录之间的联系只能是 1∶N 的联系，因此，在网状数据模型中，对应的联系，必须人为地增加记录类型，把 M∶N 的联系分解为多个 1∶N 的二元联系。

3.网状数据模型的优缺点

网状数据模型的优点主要有：

(1)能够更为直接地描述现实世界，如一个节点可以有多个双亲节点；

(2)存储结构具有良好的导航性能，存取效率较高。

网状数据模型的缺点主要有：

(1)结构比较复杂，而且不能直接处理多对多的关系，必须要把多对多的关系分解为多个一对多的关系才能进行处理。因此，随着应用环境的扩大，数据库的结构就变得越来越复杂，不利于最终用户掌握；

(2)由于记录之间的联系是通过存取路径实现的，应用程序在访问数据时，必须选择适当的存取路径，因此，用户必须了解系统存储结构的细节。

## 三、关系模型

1.关系数据模型的概念

关系数据模型是由若干关系组成的集合,每个关系从结构上看,实际上是一张二维表格,即把某记录类型的记录集合写成一张二维表,表中的每行表示一个实体对象,表中的每列对应一个实体属性,这样的一张表结构称为一个关系模式,其表中的内容称为一个关系。

在关系数据模型中,实体类型用关系表表示;实体类型之间的联系既可以用关系表表示,也可以用属性来表示。

关系是一种规范化的二维表。关系中的每个属性值必须是不可再分的数据项。关系数据库是大量二维关系表组成的集合,每个关系表中是大量记录(元组)的集合,每个记录包含着若干属性。关系中的记录是无序的、没有重值的。

下面给出关系数据模型的主要术语。

(1)关系(Relation):一个关系就是一张二维表,每张表有一个表名,表中的内容是对应关系模式在某个时刻的值,称为一个关系。

(2)元组(Tuple):表中的一行称为一个元组。一个元组可表示一个实体或实体之间的联系。

(3)属性(Attribute):表中的一个列称为关系的一个属性,即元组的一个数据项。属性有属性名、属性类型、属性值域和属性值之分。属性名在一个关系表中是唯一的,属性的取值范围称为属性域。

2.关系模型数据的组织

关系模型中的所有的关系都必须是规范化的,最基本的要求是符合第一范式(1NF),也就是说,从DBMS的观点看,所有的属性值都是原子型的、不可再分的最小数据单位。例如,学生入学日期的表示,只能在DBMS外面划分为年、月、日,DBMS把日期看作一个单位、不可再分的数据单元,不能单独根据年或月进行检索。

一个关系数据库中包含许多关系模式。每个关系有一个唯一的关系名称,每个关系内的属性有唯一的属性名。通常,属性名与其相关的属性值的集合(域)同时出现。

关系数据模型是最成熟、最广泛应用的数据模型。关系模型的记录之间以属性作为连接的纽带,使信息之间的关系不必在应用开始之前就完全固定下来,可以按一定的规则在对数据库操作时形成新的联系,这是对层次和网状数据模型表达能力的一次飞跃。

在关系数据模型中,实体类型用关系表来表示;实体类型之间的1∶1和1∶N的联系可以用关系表来表示,也可以用属性来表示;实体类型之间的联系必须用关系表来表示。

在关系数据模型中,通过外部关键字可以直接表达实体之间一对多和多对多的联系,不需要任何转换或中间环节。

3.关系数据模型的优缺点

与层次和网状模型相比,关系模型有如下优点。

(1)结构简单。关系模型中,无论是实体还是实体之间的联系都用关系表来表示。不同的关系表之间通过相同的数据项或关键字构成联系。

(2)可以直接处理多对多的关系。层次和网状模型不能直接处理多对多的关系,必须要增加连接记录进行转换。关系模型可通过关键字直接建立一个表中的元组与其他多个表中的元组之间的联系。

(3)是面向记录集合的。层次和网状模型每次只能操作一个记录,而关系模型是面向记录集合的,通过过程化的查询语言,一次可得到和处理一个元组的集合,即一张新的二维表。

(4)有坚实的理论基础。关系数据模型的理论基础是集合论与关系代数,这些数学理论的研究为关系数据库技术的发展奠定了基础。一个关系是数学意义上的一个集合,因此,一个关系内的元组是无序的,而且在关系内没有重复的元组存在。

(5)在结构化的数据模型中,关系模型具有较高的数据独立性。

关系数据模型的主要缺点是:关系数据模型的存取路径对用户透明,查询效率往往不如非关系数据模型。因此,为了提高系统性能,必须对用户的查询请求进行优化,这增加了开发数据库管理系统的难度。

## 第三节　空间数据库

地理信息系统的一个重要特点,或者说是与一般管理信息系统的区别,是数据具有空间分布的性质。不仅数据本身具有空间属性,系统的分析和应用也无不与地理环境直接关联。

GIS中的数据大多数都是地理数据，它与通常意义上的数据相比，其特点是：地理数据类型多样，各类型实体之间关系复杂，数据量很大，而且每个线状或面状地物的字节长度都不是等长的。地理数据的这些特点决定了利用目前流行的数据库系统直接管理地理空间数据存在着明显的不足，GIS必须发展自己的数据库——空间数据库。

## 一、空间数据库

### 1.空间数据库的概念

空间数据库是指地理信息系统在计算机物理存储介质上存储的与应用相关的地理空间数据的总和，一般是以一系列特定结构文件的形式组织在存储介质之上的。空间数据库的研究始于20世纪70年代的地图制图与遥感图像处理领域，其目的是为了有效地利用卫星遥感资源迅速绘制出各种经济专题地图。由于传统的关系数据库在空间数据的表示、存储、管理、检索上存在许多缺陷，从而形成了空间数据库这一数据库研究领域。而传统数据库系统只针对简单对象，无法有效地支持复杂对象（如图形、图像等）。

### 2.空间数据库的特点

（1）数据量庞大。空间数据库面向的是地学及其相关对象，而在客观世界中它们所涉及的往往都是地球表面信息、地质信息、大气信息等极其复杂的现象和信息，所以描述这些信息的数据容量很大，容量通常达到GB级。

（2）具有高可访问性。空间信息系统要求具有强大的信息检索和分析能力，这是建立在空间数据库基础上的，需要高效访问大量数据。

（3）空间数据模型复杂。空间数据库存储的不是单一性质的数据，而是涵盖了几乎所有与地理相关的数据类型，这些数据类型主要可以分为以下三类。

①属性数据：与通用数据库基本一致，主要用来描述地学现象的各种属性，一般包括数字、文本、日期类型等。

②图形图像数据：与通用数据库不同，空间数据库系统中大量的数据借助于图形图像来描述。

③空间关系数据：存储拓扑关系的数据，通常与图形数据是合二为一的。

（4）属性数据和空间数据联合管理。

（5）应用范围广泛。

## 二、空间数据库的设计

数据库因不同的应用要求，会有各种各样的组织形式。数据库的设计就是根据不同的应用目的和用户要求，在一个给定的应用环境中，确定最优的数据模型、处理模式、存储结构、存取方法，建立能反映现实世界的地理实体间信息之间的联系，既能满足用户要求，又能被一定的DBMS接受，同时还能实现系统目标并有效地存取、管理数据的数据库。简言之，数据库设计就是把现实世界中一定范围内存在着的应用数据抽象成一个数据库的具体结构的过程。

空间数据库的设计是指在现在数据库管理系统的基础上建立空间数据库的整个过程，主要包括需求分析、结构设计和数据层设计三部分。

1.需求分析

需求分析是整个空间数据库设计与建立的基础，主要进行以下工作。

(1)调查用户需求。了解用户特点和要求，取得设计者与用户对需求的一致看法。

(2)需求数据的收集和分析。包括信息需求(信息内容、特征、需要存储的数据)、信息加工处理要求(如响应时间)、完整性与安全性要求等。

(3)编制用户需求说明书。包括需求分析的目标、任务、具体需求说明、系统功能与性能、运行环境等，是需求分析的最终成果。

需求分析是一项技术性很强的工作，应该由有经验的专业技术人员完成，同时，用户的积极参与也是十分重要的。在需求分析阶段，应完成数据源的选择和对各种数据集的评价。

2.结构设计

这是指空间数据结构设计，结果是得到一个合理的空间数据模型，是空间数据库设计的关键。空间数据模型越能反映现实世界，在此基础上生成的应用系统就越能较好地满足用户对数据处理的要求。空间数据库设计的实质是将地理空间实体以一定的组织形式在数据库系统中加以表达的过程，也就是地理信息系统中空间实体的模型化问题。

(1)概念设计：通过对错综复杂的现实世界的认识与抽象，最终形成空间数据库系统及其应用系统所需的模型。具体是对需求分析阶段所收集的信息和数据进行分析、整理，确定地理实体、属性及它们之间的联系，将各用户的局部视图合并成一个总的全局视图，形成独立于计算机的反映用户观点的概念模式。概念模式与具体的DBMS无关,结构稳定,能较好地反映用户的信息需求。

表示概念模型最有力的工具是E-R模型,即实体-联系模型,包括实体、联系和属性三个基本成分。用它来描述现实地理世界,不必考虑信息的存储结构、存取路径及存取效率等与计算机有关的问题,比一般的数据模型更接近于现实地理世界,具有直观、自然、语义较丰富等特点,于是在地理数据库设计中得到了广泛应用。

(2)逻辑设计:在概念设计的基础上,按照不同的转换规则将概念模型转换为具体DBMS支持的数据模型的过程,即导出具体DBMS可处理的地理数据库的逻辑结构(或外模式),包括确定数据项、记录及记录间的联系、安全性、完整性和一致性约束等。导出的逻辑结构是否与概念模式一致、能否满足用户要求,还要对其功能和性能进行评价,并予以优化。

(3)物理设计:有效地将空间数据库的逻辑结构在物理存储器上实现,确定数据在介质上的物理存储结构,其结果是导出地理数据库的存储模式(内模式)。主要内容包括确定记录存储格式,选择文件存储结构,决定存取路径,分配存储空间。

物理设计的好坏将对地理数据库的性能影响很大,一个好的物理存储结构必须满足两个条件:一是地理数据占有较小的存储空间;二是对数据库的操作具有尽可能高的处理速度。在完成物理设计后,要进行性能分析和测试。

数据的物理表示分为两类:数值数据和字符数据。数值数据可用十进制或二进制形式表示。通常二进制形式所占用的存储空间较少。字符数据可以用字符串的方式表示,有时也可利用代码值的存储代替字符串的存储。为了节约存储空间,常常采用数据压缩技术。

物理设计在很大程度上与选用的数据库管理系统有关。设计中,应根据需要选用系统所提供的功能。

3.数据层设计

大多数GIS都将数据按逻辑类型分成不同的数据层进行组织。数据层是GIS中的一个重要概念。GIS的数据可以按照空间数据的逻辑关系或专业属性分为各种逻辑数据层或专业数据层,原理上类似于图片的叠置。例如,地形图数据可分为地貌、水系、道路、植被、控制点、居民地等诸层分别存储,将各层叠加起来,就合成了地形图的数据。在进行空间分析、数据处理、图形显示时,往往只需要若干相应图层的数据。

数据层的设计一般是按照数据的专业内容和类型进行的。数据的专业内容的类型通常是数据分层的主要依据，同时也要考虑数据之间的关系，如需考虑两类物体共享边界（道路与行政边界重合、河流与地块边界的重合等），这些数据间的关系在数据分层设计时应体现出来。

不同类型的数据由于其应用功能相同，在分析和应用时往往会同时用到，因此，在设计时应反映出这样的需求，即可将这些数据作为一层。例如，多边形的湖泊、水库，线状的河流、沟渠，点状的井、泉等，在 GIS 的运用中往往同时用到，因此，可作为一个数据层。

4.数据字典设计

数据字典用于描述数据库的整体结构、数据内容和定义等。数据字典的内容包括：数据库的总体组织结构、数据库总体设计的框架；各数据层详细内容的定义及结构、数据命名的定义；元数据（有关数据的数据，是对一个数据集的内容、质量条件及操作过程等的描述）。

## 第四节　面向对象的数据库系统

网络和层次以及关系模型都适合那些结构简单以及访问有规律的数据，这些模型的最佳应用领域有个人记录管理、清单控制、终端用户销售、商业记录等，所有这些应用领域都只有简单的数据结构、联系以及数据使用模式。一个地图对象可以定义为经度、纬度、地点的时间维以及等高线来定义图形，用图形表示主要的嵌入对象，而它们本身也可能是对象。除了这些定义之外，在地图的各区域可能还含有隐藏的数据。我们可以表示人口密度、动物密度、植物、水源、建筑物及其类别以及其他信息，所有这些都是从应用领域的典型使用中派生出来的抽象数据类型。

### 一、面向对象技术概述

从现实世界中客观存在的事物（即对象）出发来构造软件系统，并在系统构造中尽可能运用人类的自然思维方式，强调直接以问题域（现实世界）中的事物为中心来思考问题、认识问题，并根据这些事物的本质特点，把它们抽象地表示为系统中的对象，作为系统的基本构成单位（而不是用一些与现实世界中的事物相关比较远，并且没有对应关系的其他概念来构造系统），可以使系统直接地映射问题域，保持问题域中事物及其相互关系的本来面貌。

面向对象的方法是面向对象的世界观在开发方法中的直接运用，它强调系统的结构应该直接与现实世界的结构相对应，应该围绕现实世界中的对象来构造系统，而不是围绕功能来构造系统。

面向对象（Object Oriented，OO）是当前计算机界关心的重点，它是 20 世纪 90 年代软件开发方法的主流。面向对象的概念和应用已超越了程序设计和软件开发，扩展到很宽的范围，如数据库系统、交互式界面、应用结构、应用平台、分布式系统、网络管理结构、CAD 技术、人工智能等领域。面向对象的思想已经涉及软件开发的各个方面，如面向对象的分析（Object Oriented Analysis，OOA）、面向对象的设计（Object Oriented Design，OOD）以及面向对象的编程实现（Object Oriented Programming，OOP）。

## 二、面向对象的基本概念

1.对象

对象是人们要进行研究的任何事物，从最简单的整数到复杂的飞机等均可看作对象，它不仅能表示具体的事物，还能表示抽象的规则、计划或事件。

2.对象的状态和行为

对象具有状态，一个对象用数据值来描述它的状态。对象还有操作，用于改变对象的状态，操作就是对象的行为。对象实现了数据和操作的结合，使数据和操作封装于对象的统一体中。

3.类

具有相同或相似性质的对象的抽象就是类。因此，对象的抽象是类，类的具体化就是对象，也可以说类的实例是对象。类具有属性，它是对象状态的抽象，用数据结构来描述类的属性。类具有操作，它是对象的行为的抽象，用操作名和实现该操作的方法来描述。

4.类的结构

在客观世界中有若干类，这些类之间有一定的结构关系。通常有两种主要的结构关系，即一般－具体结构关系，整体－部分结构关系。一般－具体结构称为分类结构，也可以说是“或”关系或者“is a”关系。整体－部分结构称为组装结构，也可以说是“与”关系或者“has a”关系。

5.消息和方法

对象之间进行通信的结构叫作消息。在对象的操作中，当一个消息发送给某个对象时，消息包含接收对象去执行某种操作的信息。发送一条消息至少要包括说明接受消息的对象名、发送给该对象的消息名（即对象名、方法名）。一般还要对参数加以说明，参数可以是认识该消息的对象所知道的变量名，或者是所有对象都知道的全局变量名。

类中操作的实现过程叫作方法，一个方法有方法名、参数、方法体。

## 三、面向对象的特征

1.对象唯一性

每个对象都有自身唯一的标识，通过这种标识，可找到相应的对象。在对象的整个生命期中，它的标识都不改变，不同的对象不能有相同的标识。

2.分类性

分类性是指将具有一致的数据结构（属性）和行为（操作）的对象抽象成类。一个类就是这样一种抽象，它反映了与应用有关的重要性质，而忽略其他一些无关内容。任何类的划分都是主观的，但必须与具体的应用有关。

3.继承性

继承性是子类自动共享父类数据结构和方法的机制，这是类之间的一种关系。在定义和实现一个类的时候，可以在一个已经存在的类的基础之上来进行，把这个已经存在的类所定义的内容作为自己的内容，并加入若干新的内容。

继承性是面向对象程序设计语言不同于其他语言的最重要的特点，是其他语言所没有的。在类层次中，子类只继承一个父类的数据结构和方法，称为单重继承。在类层次中，子类继承了多个父类的数据结构和方法，称为多重继承。

在软件开发中，类的继承性使所建立的软件具有开放性、可扩充性，这是信息组织与分类的行之有效的方法，它简化了对象、类的创建工作量，增加了代码的可重性。采用继承性，提供了类的规范的等级结构。通过类的继承关系，使公共的特性能够共享，提高了软件的重用性。

4.多态性（多形性）

多态性是指相同的操作或函数、过程可作用于多种类型的对象上，并获得不同的结果。不同的对象收到同一消息，可以产生不同的结果，这种现象称为多态性。多态性允许每个对象以适合自身的方式去响应共同的消息。多态性增强了软件的灵活性和重用性。

## 四、面向对象的要素

1.抽象

抽象是指强调实体的本质、内在的属性。在系统开发中，抽象指的是在决定如何实现对象之前的对象的意义和行为。使用抽象可以尽可能避免过早考虑一些细节。类实现了对象的数据（即状态）和行为的抽象。

2.封装性（信息隐藏）

封装性是保证软件部件具有优良的模块性的基础。面向对象的类是封装良好的模块，类定义将其说明（用户可见的外部接口）与实现（用户不可见的内部实现）显式地分开，其内部实现按其具体定义的作用域提供保护。对象是封装的最基本单位。封装防止了程序相互依赖性而带来的变动影响。面向对象的封装比传统语言的封装更为清晰、更为有力。

3.共享性

面向对象技术在不同级别上促进了共享。

（1）同一类中的共享：同一类中的对象有着相同数据结构，这些对象之间是结构、行为特征的共享关系。

（2）在同一应用中共享：在同一应用的类层次结构中，存在继承关系的各相似子类中，存在数据结构和行为的继承，使各相似子类共享共同的结构和行为。使用继承来实现代码的共享，这也是面向对象的主要优点之一。

（3）在不同应用中共享：面向对象不仅允许在同一应用中共享信息，而且为未来目标的可重用设计准备了条件。通过类库，这种机制和结构实现了不同应用中的信息共享。

## 五、面向对象的几何抽象模型

考察 GIS 中的各种地物，在几何性质方面不外乎表现为四种类型，即点状地物、线状地物、面状地物以及由它们混合组成的复杂地物，因而这四种类型可以作为 GIS 中各种地物类型的超类。如图 3—3 所示，从几何位置抽象，点状地物为点，具有（x，y，z）坐标；线状地物由弧段组成，弧段由节点组成；面状地物由弧段和面域组成；复杂地物可以包含多个同类或不同类的简单地物（点、线、面），也可以再嵌套复杂地物。因此，弧段聚集成线状地物，简单地物组合成复杂地物，节点的坐标由标识号传播给线状地物和面状地物，进而还可以传播给复杂地物。

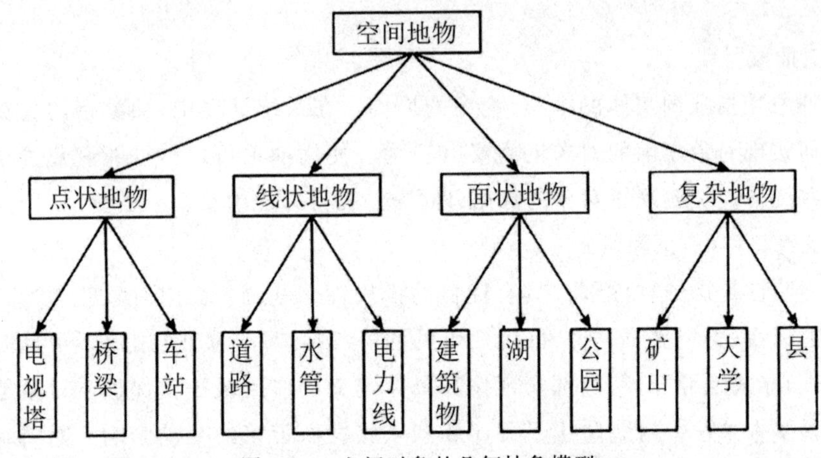


图 3-3　空间对象的几何抽象模型

为了描述空间对象的拓扑关系，对空间对象的抽象除了点、线、面、复杂地物外，还可以再加上节点、弧段等几何元素，一些研究人员把空间对象还分为零维对象、一维对象、二维对象、复杂对象。其中，零维对象包括独立点状地物、节点、节点地物(既是几何拓扑类型，又是空间地物)、注记参考点、多边形标识点；一维对象包括拓扑弧段、无拓扑弧段(如等高线)、线状地物；二维对象是指面状地物，它由组成面状地物的周边弧段组成，有属性编码和属性表；复杂对象包括有边界复杂地物和无边界复杂地物。

在美国空间数据交换标准中，对矢量数据模型中的空间对象，抽象为 6 类，分别是复杂地物、多边形、环、线、弧、点(节点)。其中，线相当于线状地物，由弧段组成；弧是指圆弧、B 样条曲线等光滑的数学曲线；环是为了描述带岛屿的复杂多边形而新增的；节点作为一种点对象和点状地物合并为点——节点类。

在定义一个地物类型时，除按照属性类别分类外，还要声明它的几何类型。例如，定义建筑类时，声明它的几何类型为面状地物，此时它自动连接到面状地物的数据结构，继承超类的几何位置信息及有关对几何数据的操作。这种连接可以通过类标识和对象标识实现。

## 六、面向对象的属性数据类型

关系数据模型和关系数据库管理系统基本上适应于 GIS 中属性数据的表

达与管理。但如果采用面向对象数据模型，语义将更加丰富，层次关系也更明了。与此同时，它又能吸收关系数据模型和关系数据库的优点，或者说，它在包含关系数据库管理系统的功能基础上，在某些方面加以扩展，增加面向对象模型的封装、继承、信息传播等功能。

GIS 中的地物可根据国家分类标准或实际情况划分类型，如一个大学 GIS 的对象可分为建筑物、道路、绿化、管线等几大类。地物类型的每一大类又可以进一步分类，如建筑物可再分成教学楼、科研实验楼、行政办公楼、教工住宅、学生宿舍、后勤服务建筑、体育楼等子类，管线可再分为给水管道、污水管道、电信管道、供热管道、供气管道等。另外，几种具有相同属性和操作的类型可综合成一个超类。

Geostar 软件是由原武汉测绘科技大学测绘遥感信息工程国家重点实验室研制开发的面向对象的 GIS 软件。在 Geostar 中，把 GIS 需要的地物抽象成节点、弧段、点状地物、线状地物、面状地物和无空间拓扑关系的面状地物。为了便于组织管理，对空间数据库又设立了工程、工作区和专题层。工程包含了某个 GIS 工程需要处理的空间对象。工作区则是在某一个范围内，对某几种类型的地物，或由几个专题的地物进行操作的区域。对工程和地物的属性而言，空间地物又可以向上抽象，按属性特征划分为各种地物类型，若干地物类型组成一个专题层。同一地理空间的多个专题层组成一个工作区，而一个工程又可以包含一个或多个工作区。这种从上到下的抽象过程与从上往下的分解过程组成了 GIS 中的面向对象模型，如图 3－4 所示。一方面，它表达了地理空间的自然特性，接近人们对客观事物的理解；另一方面，它完整地表达了各类地理对象之间的关系，而且用层次方法清晰地表达了他们之间的联系。同时，为了表达方便，在 Geostar 中，还设立了一个数据结构——位置坐标，为了制图的方便，还包括制图的辅助对象如注记、符号、颜色等。

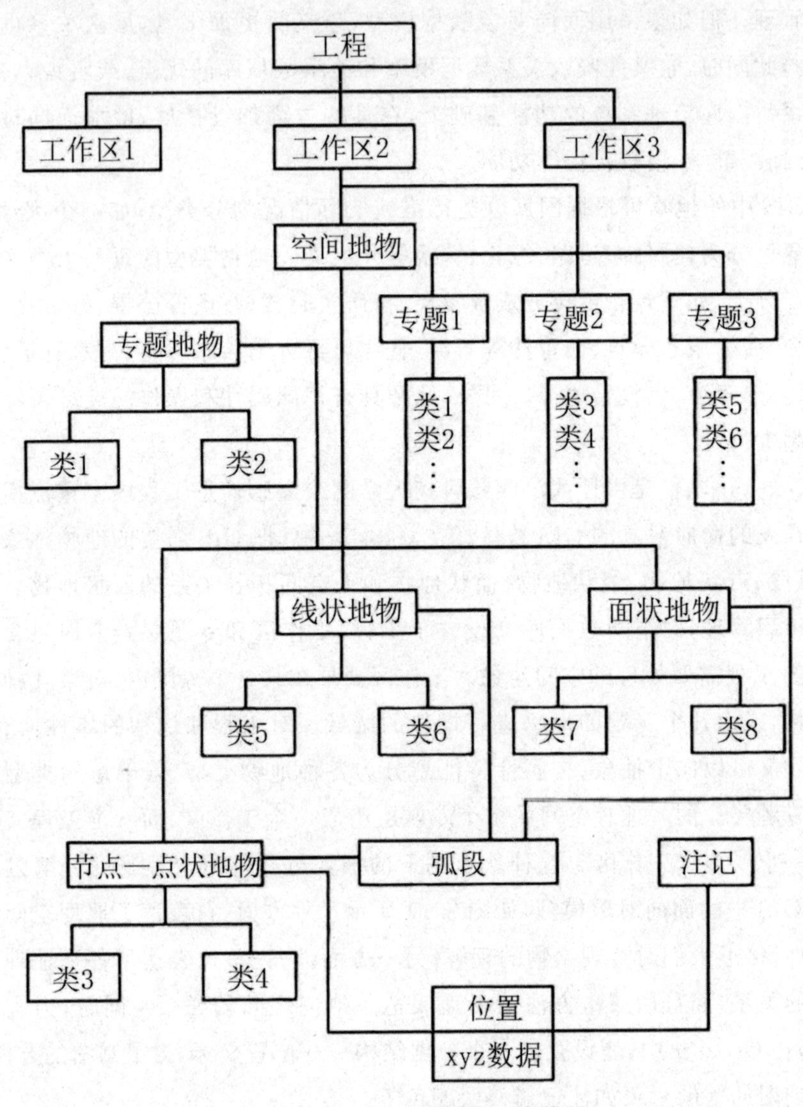


图 3—4　Geostar 空间数据对象模型

虽然完全意义上的面向对象的空间数据库系统尚未出现，但目前已有的成果已经显示，面向对象的数据库系统会逐步成为空间数据库的基本结构形式。

# 第四章　地理空间数据的获取

## 第一节　地面测量与地图数字化

### 一、地面测量

地面测量即野外直接测量，是获取空间数据的重要途径之一。20 世纪 80 年代以来，用于野外直接测量的仪器有了比较迅速的发展。以全站仪为代表的电子速测仪器已取代传统的光学经纬仪、水准仪和平板仪，使得基于电子平板测量的野外直接采集方法成为空间数据获取的重要方法之一。

1.全野外数据采集特点

全野外数据采集设备是全站仪加电子手簿或电子平板配以相应的采集和编辑软件，作业分为编码和无码方法，如图 4－1 所示。

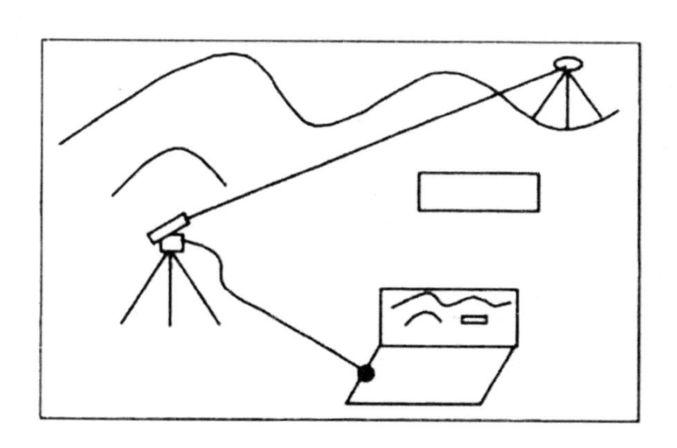

图 4－1　电子平板仪的测量示意图

全野外数据采集测量工作包括图根控制测量、测站点的增补和地形碎部点的测量。采用全站仪进行观测,用电子手簿记录观测数据或经计算后的测点坐标。与传统平板仪测量工作相比,全野外数字测图具有以下一些特点。

①全野外数字测量在野外完成观测,不需要手工绘制地形图,测量的自动化程度大大提高。

②数字测图工作的地形测图和图根加密可同时进行。

③全野外数字测图在测区内部不受图幅的限制,便于地形测图的施测,减少了很多常规测图的接边问题。

④虽然一部分规则轮廓点的坐标可以用简单的距离测量间接计算出来,但地面数字测图直接测量地形点的数目仍然比平板仪测图有所增加。地面数字测图中地物位置的绘制直接通过测量计算的坐标点,因此数字测图的立尺位置选择更为重要。

全野外数据采集精度高,没有展点等误差,碎部点平面与高程精度均比传统平板仪成图高数倍,测量、数据传输和计算自动进行,避免了人为错误。

2.作业过程

全野外地理信息数据采集与成图分为 3 个阶段:数据采集、数据处理和地图数据输出。通常工作步骤为:布设控制导线网,进行平差处理得出导线坐标,采用极坐标法、支距法或后方交会法等获得碎部点三维坐标。此外,也可采用边控制边进行碎部测量的方法,之后平差获得控制成果,再对碎部坐标进行统一转换计算。地面数字测图流程如图 4-2 所示。

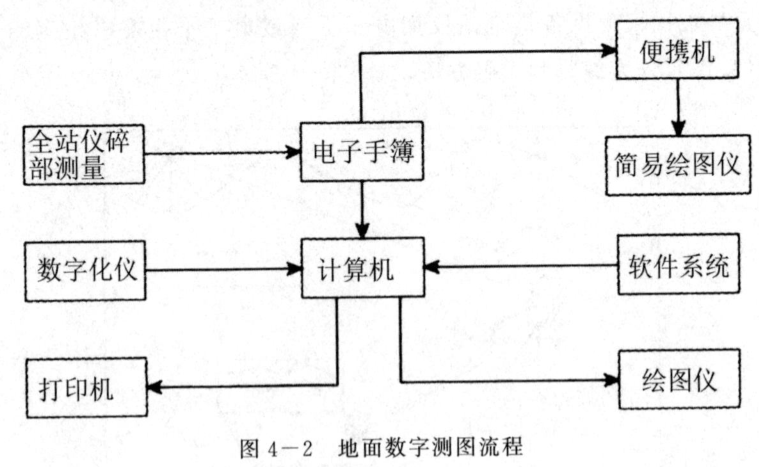


图 4-2　地面数字测图流程

## 二、地图数字化

地图数字化是将传统的纸质或其他材料上的地图(模拟信号)转换成计算机可识别图形数据(数字信号)的过程,以便进一步计算机存储、分析和输出。其主要种类有手扶跟踪数字化和扫描数字化。

(一)手扶跟踪数字化

1.连接数字化仪

由于不同的数字化仪硬件接口不完全相同,所以在进行数字化仪连接时有一系列参数需要设置。其中通信口、数字化仪型号、通信的波特率、数据停止位、奇偶校正位等是基本参数。数字化板感应原点、数据流方式、分辨率、输出格式等属于高级参数的设置。一般情况下,按照说明书,设置基本参数即可。

数字化仪参数设置有如下两种方式:

(1)硬设置,软件已规定了各种仪器的通信接口的参数和数字化板上的硬件位设置方式;

(2)硬件上的设置不动,只要在软件接口中设置基本参数和高级参数。

2.图形数字化

图形数字化通常采用流方式作业,即将十字丝置于曲线的起点并向计算机输入一个按流方式数字化的命令,让它以等时间间隔或 X 和 Y 方面以等距离间隔记录坐标,操作员则小心地沿曲线移动十字丝并尽可能让十字丝经过所有弯曲部分。在曲线的终点,用命令或按钮告诉计算机停止记录坐标。

此外,有些 GIS 软件在数字化仪上还设置了其他功能。如图板菜单,将系统的部分功能菜单设置在图板上或者将地物分类编码及符号贴在图板上,用户点取符号编码即选择了该类地物。为注记方便,一些常用的字符也贴在图板上,如厕所、沙、塘等,直接使用数字化板进行汉字注记。

(二)扫描数字化

1.扫描地图

根据数字化仪、地图种类和用户要求的不同,可得到二值影像、灰度影像和彩色影像。目前市场上的工程扫描仪都能满足地图扫描分辨率的要求。

2.图形定向

将图廓点或控制点的大地坐标输入到计算机内,用鼠标点取对应的像点坐标，解算定向参数。

在图形定向过程中，有如下两种方案处理不均匀变形误差。

①扫描标准网格，在每个网格内建立一个误差方程，解算每个网格的改正参数存入计算机，以后用该扫描仪每扫描一张图纸，用这一系列（每个网格）的改正参数，进行误差纠正。

②扫描有公里网格的地形图时，输入每个网格的大地坐标，即可消除扫描仪和图纸的不均匀误差。

3.地图扫描数字化

地图扫描数字化有两种方式：自动矢量化和交互式矢量化。对于分版的等高线图、水系图、道路网等采用自动矢量化效率较高，一般先将灰度影像变换成二值影像，如果是彩色影像还要先进行分版处理，再从多级的灰度影像到二值影像。而对于城市的大比例尺图，可能只有采用交互式矢量化，采取人机交互的方式，对地图上每个图形实体逐条线划进行矢量化。

为了提高作业效率，有些软件增加计算机自动化的功能，如使用 GeoScan 软件，在一个多边形内或外点取一点，计算机能自动提取多边形拐点的坐标。对于一些虚线或陡坎线，系统也能自动跳过虚线或陡坎线的毛刺进行自动跟踪。此外该软件还增加了数字和汉字识别功能，大大提高了地图数字化的作业效率。

## 第二节　摄影测量

### 一、基本原理

摄影测量包括航空摄影测量和地面摄影测量。地面摄影测量一般采用倾斜摄影或交向摄影，航空摄影一般采用垂直摄影。

航空摄影测量的原理如图 4－3 所示。

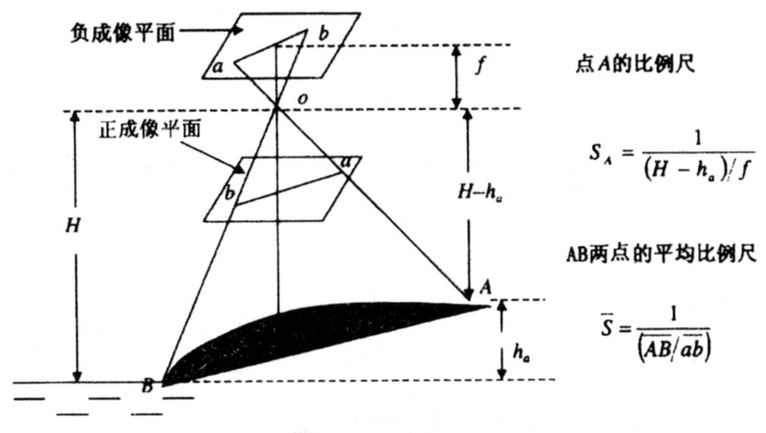


图 4—3　垂直航空摄影测量示意图

$$S_A = \frac{1}{(H-h_a)/f}$$

$$\bar{S} = \frac{1}{(\overline{AB}/\overline{ab})}$$

航空摄影测量一般采用量测用摄影机，为便于量测胶片，每张相片的四周或四角设有量测框标。如图 4—4 所示，由对边框标的连线相交的点，是相片的几何中心。

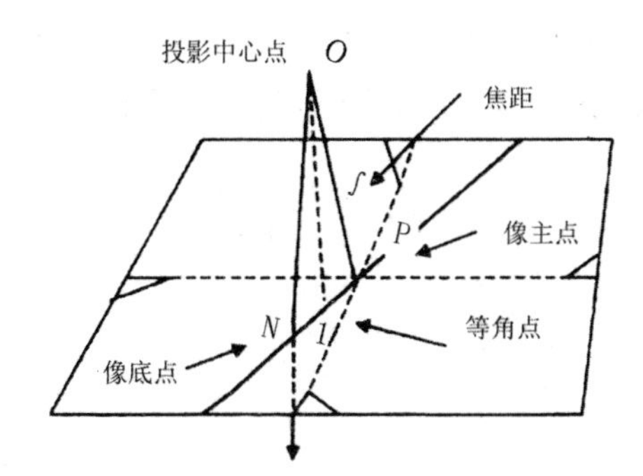


图 4—4　航空相片的像主点、像底点和等角点

航空相片上存在两种主要误差：相片倾斜误差以及由于地形起伏引起的投影误差。航空相片最大的误差是投影差，即地形起伏造成的点位移。由于摄影相片是中心投影，根据中心投影原理可得任一像点比例尺的计算公式为

$$S=1/(H_a/f)=1/[(H-h)/f]$$

式中，$H_a$是某一点的航高，H 是绝对航高，h 是该点的高程，f 是相机的焦距。

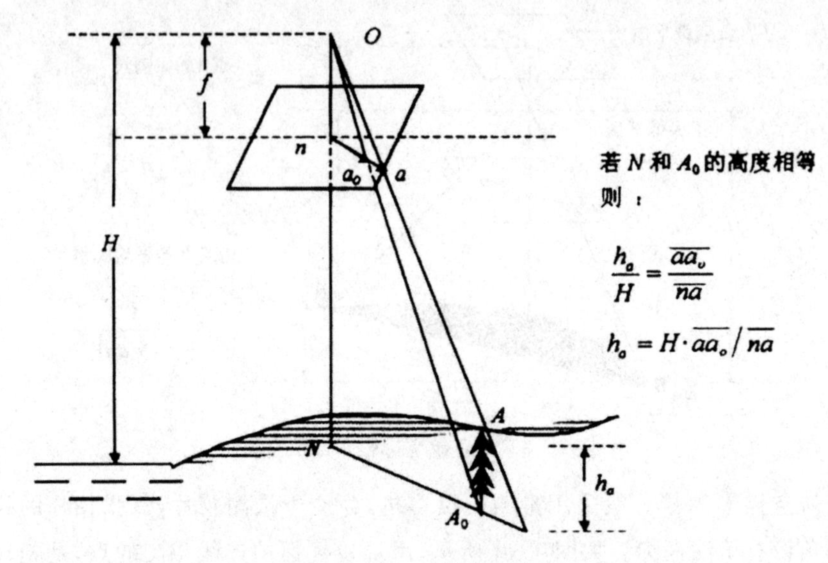


图 4－5　航空相片的投影差

如图 4－5 所示，设某点 A 的参考平面 $A_0$ 的航高为 H，该点对应的高程为 $h_a$，相片上该点到像底点的距离为 $n_a$，则该点的投影差为

$$\delta_a=\overline{a_0 a}=\frac{h_a\cdot\overline{na}}{H}$$

## 二、摄影测量的方式

1.立体摄影测量

摄影测量有效的方式是立体摄影测量，它对同一地区同时摄取两张或多张重叠的相片，在室内的光学仪器上或计算机内恢复它们的摄影方位，重构地形表面，即把野外的地形表面搬到室内进行观测。

2.解析摄影测量

解析摄影测量除用于解析空中三角测量的像点坐标观测以外，主要用于数字线画图的生产。如测量一条道路，仅需用测标切准道路中心点，摇动手轮和脚盘，得到测标轨迹的坐标，即为道路的空间坐标数据。

解析摄影测量方法是获取高精度数字高程模型的重要手段。最直接最精确的方法是直接量测每个网格的高程值，设定 X、Y 方向的步距，人工立体切准网格高程点，可直接得数字高程模型。

3.数字摄影测量

数字摄影测量继承立体摄影测量和解析摄影测量的原理,在计算机内建立立体模型。由于相片进行了数字化,数据处理在计算机内进行,所以可以加入许多人工智能的算法,使它进行定向。此外,还可以自动获取数字高程模型,进而生产数字正射影像。甚至,数字摄影测量可以通过加入某些模式识别的功能,从而自动识别和提取数字影像上的地物目标。

我国用数字摄影测量方法生产数字高程模型和数字正射影像的技术已经成熟,并且处于领先地位,如武汉测绘科技大学和中国测绘科学研究院都推出了实用系统。在数字线画图的生产中,一般采用人机交互方法,类似于解析测图仪的作业过程。

## 第三节　遥感

### 一、遥感数据

航空相片是一种特殊而又应用最广泛的遥感数据,现将航空相片与遥感数据列表进行比较,然后进一步介绍各类遥感数据的特点。较之野外测量或野外观测,遥感数据有下列优点。

①空间详细程度高。

②增大了观测范围。

③能够进行大面积重复性观测。

④能够提供大范围的瞬间静态图像。

⑤大大加宽了人眼所能观察的光谱范围。

非摄影数据较航空相片易于数字化存储和处理,光谱敏感范围大大加宽,光谱分辨率提高,光谱波段大为增多。光谱分辨率较高的传感器称为成像光谱仪,这类仪器获取的图像上每一点都可以制成光谱曲线加以分析,如图 4－6 所示。

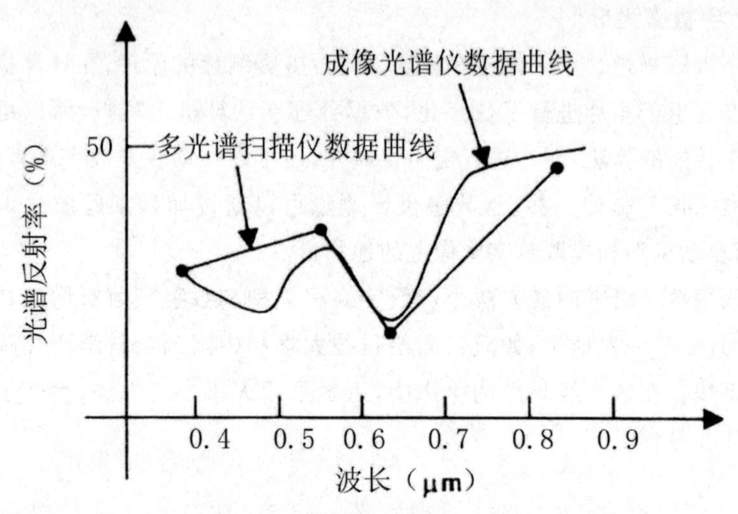


图 4－6 成像光谱仪数据与陆地卫星多光谱数据的比较

遥感中常使用的电磁辐射能的光谱范围如图 4－7 所示。其中，可见光和近红外较适于植被分类和制图，热红外适于温度探测，雷达图像较适于测量地面起伏和对多云地区进行制图，在微波范围也有微波辐射计等传感器，适于土壤水分制图和冰雪探测。

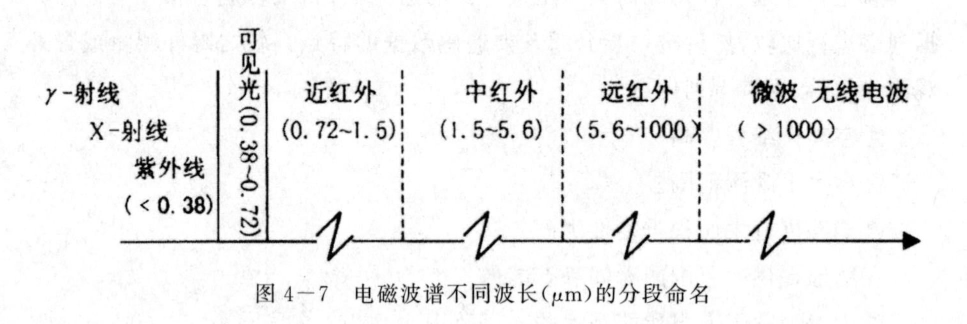


图 4－7 电磁波谱不同波长(μm)的分段命名

## 二、遥感图像的空间分辨率

航空相片比例尺反映航空相片上对地物记录的详细程度，数字遥感资料则靠空间分辨率来表示，分辨率大的遥感影像记录着更为详细的空间信息。

一般传感器的空间分辨率由其瞬时视场的大小决定，即由传感器内的感光探测器单元在某一特定的瞬间从一定空间范围内能接收到一定强度的能量而定，通过下式得到：

名义分辨率＝图像某行对应于地面的实际距离/该行的像元数

雷达是一种自身发射电磁能又回收能量的主动式系统，其图像有两种分辨率。

(1)由其发送信号脉冲持续的时间和信号传播方向与地面的夹角决定的，称为距离分辨率。该方向与飞行方向的地面轨迹在平面上几乎垂直。当雷达信号向其飞行底线方向传播信号时，这种分辨率达到无穷大。而在雷达侧视方向随着信号与偏离地底线的角度的增高距离分辨率不断改善，这种成像雷达称为侧视雷达。距离分辨率随地物离雷达的地面距离增加而提高。

(2)由雷达波束的宽度和地物离飞行底线的距离决定的，这种分辨率被称为方位分辨率。该分辨率量测的是沿平行于飞行底线方向的分辨能力。方位分辨率随着地物离雷达的地面距离的增加而降低。

## 三、扫描式传感器特性

扫描式传感器与垂直摄影和倾斜摄影的几何特性如图 4—8 所示。从图中可以看出，水平面上的直线在扫描传感器所得到的图像上会变形，而且任何垂直于平面的物体都在图像上沿垂直于飞行方向向远处移位。

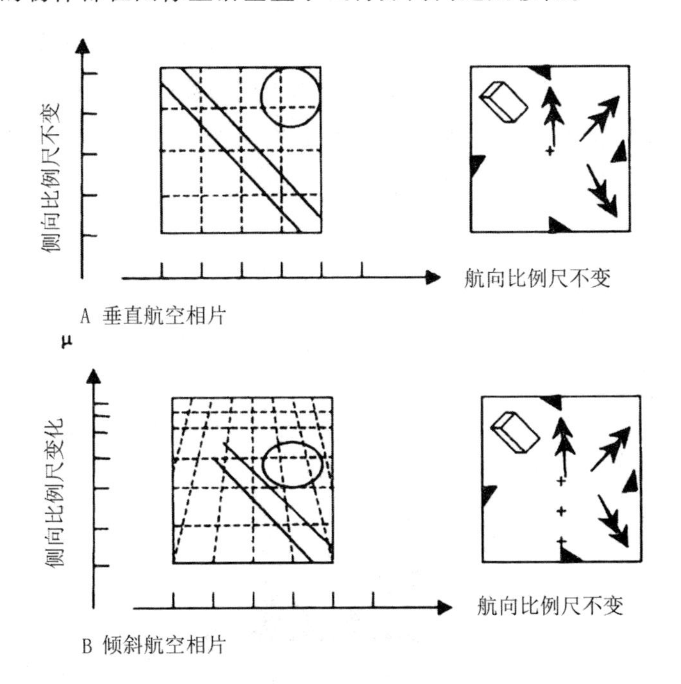

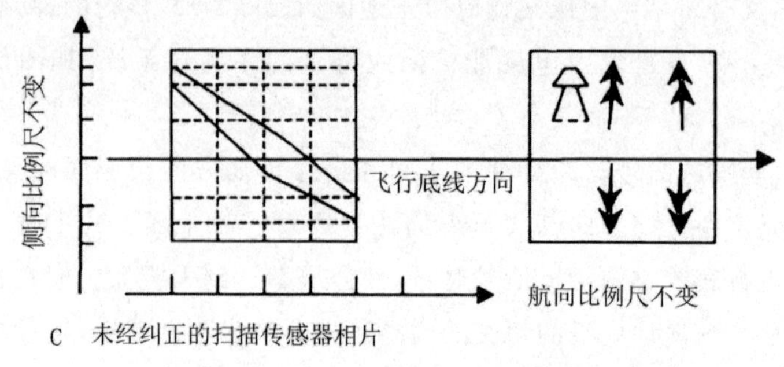


C　未经纠正的扫描传感器相片

图 4－8　垂直摄影、倾斜摄影和扫描式传感器的几何特性

当飞行方向与太阳方位平行时，所得图像上森林或高层建筑的阴影可得到均衡分布，即一棵树或一座楼房阴阳面的影像均可得到，这是比较理想的情况。而当飞行方向与太阳方位垂直时，会得到具有阴阳两个条带的图像，即在飞行底线的一侧物体影像基本来自阳面，而在另一侧则基本来自阴面，这会增加对物体的识别难度。对具有垂直中心投影的航空相片来说，飞行方向与太阳方位无关。

## 四、侧视雷达特性

侧视雷达图像航向的变形较复杂，在无起伏的平原地区，同样大小的地物离雷达的距离越近，其在图像上的尺寸越小，而当地形起伏时面向雷达的山坡回射信号强而背坡弱。有时甚至会出现由山顶到山麓的成像倒错，如两排山在垂直中心投影下本应按山峰—山谷—山峰的空间次序排列，在雷达图像上却会以山峰—山峰—山谷的次序排列，如图 4－9 所示。

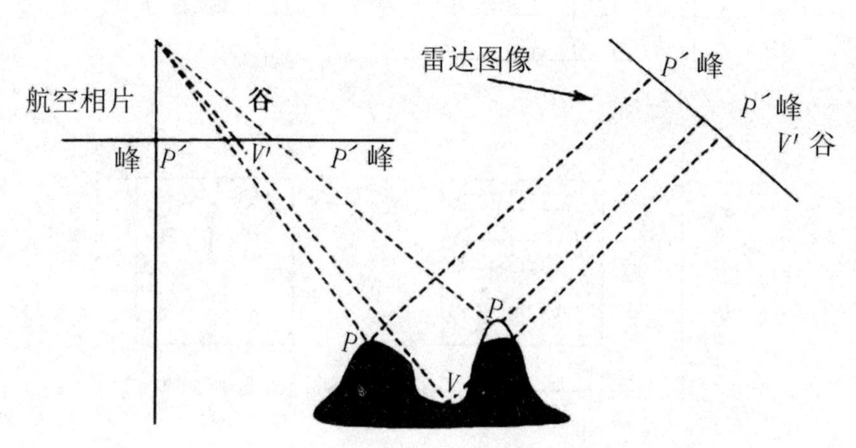


图 4－9　雷达图像的几何特性

由于雷达图像复杂的几何特性，使得水平方向上的几何纠正比航空相片和扫描式遥感影像的几何校正难度大得多，因而雷达影像直接用于专题制图时不多，但是利用雷达影像进行高度测量却可以达到很高精度，这一技术称为雷达干涉测量学。

## 五、常用的卫星数据

世界上常用的卫星数据是美国的陆地卫星（Landsat）专题制图仪（TM）、诺阿气象卫星的甚高分辨率辐射仪（NOAA－AVHRR）和法国 SPOT 卫星的高分辨率传感器（HRV）数据。

下一代卫星传感器都致力于增加波段、提高分辨率。Land－sat 和 SPOT 可从设在北京的中国陆地卫星地面站获得，而 NDAA 影像则可从国家气象中心和许多省气象局或大学（如武汉测绘科技大学）获得。

对于大范围乃至全球变化研究，重要的是美国宇航局发射的中等分辨率成像光谱仪（MODIS），其有 36 个波段覆盖 0.4～14.5$\mu$m 的光谱范围。MODIS 在星下点的空间分辨率为 250m（波段 1～2），500m（波段 3～7），1000m（波段 8～36）。这种传感器可以同时探测大气、云、水汽、臭氧、海洋、冰雪、陆地表面等的光谱特性，可以用提取到的大气特征信息，校正对地表覆盖敏感的光谱波段图像，从而使陆地表面制图与全球变化信息的提取更加可靠。

## 六、遥感图像处理系统

### （一）遥感图像处理系统中遥感数据的流程

能够从宏观上观测地球表面的事物是遥感的特征之一，所以遥感数据几乎都是作为图像数据处理的。图 4－10 所示为处理系统中遥感数据的流程，图 4－11 所示为处理内容的概要。

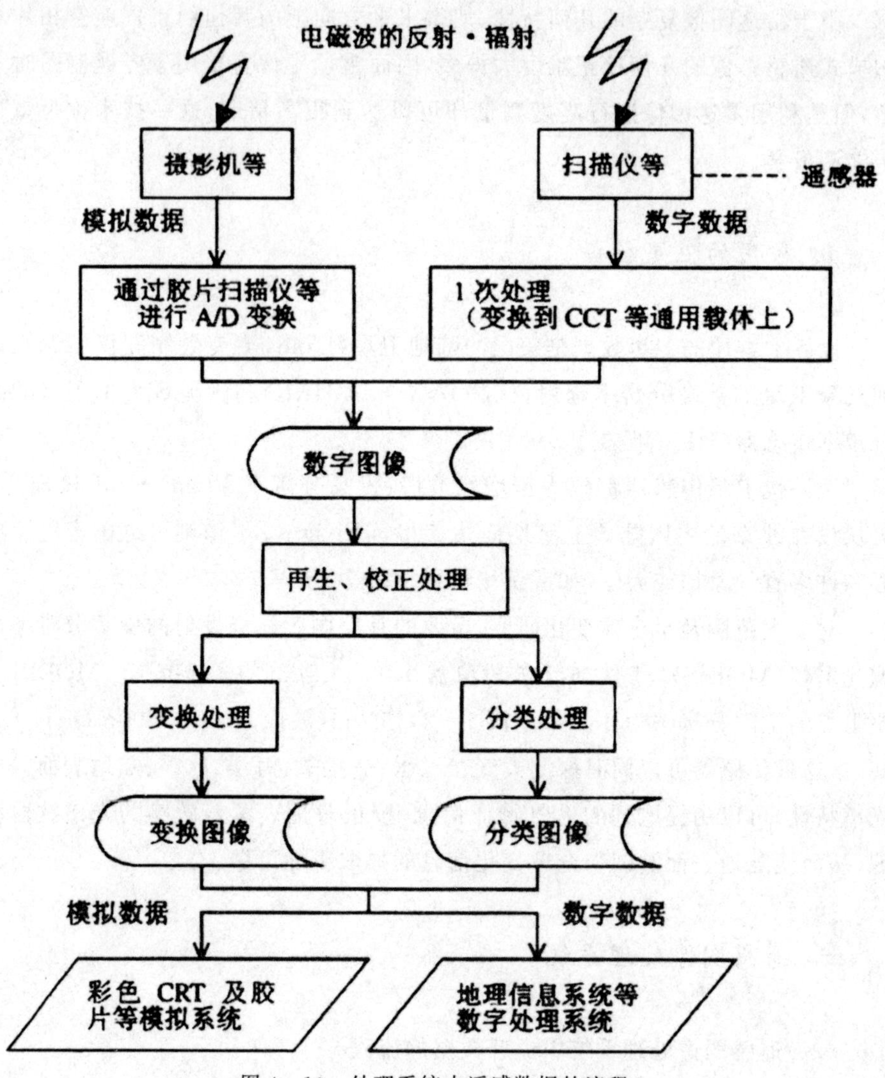


图 4－10　处理系统中遥感数据的流程

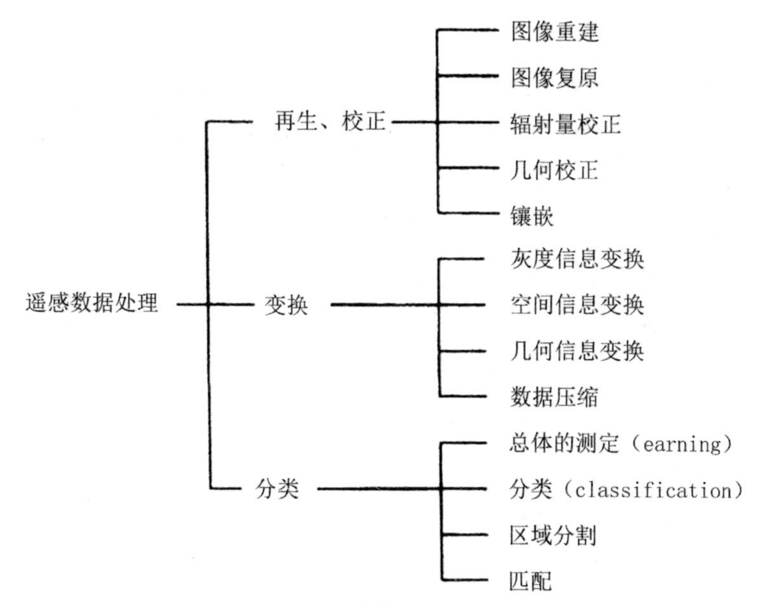


图 4－11　遥感数据处理的内容

（二）遥感图像处理系统的基本功能

以武汉测绘科技大学研制的遥感图像处理系统 Geolrnager 为例，遥感图像处理系统的基本功能如下。

1.图像浏览

图像建立多级金字塔，可以快速缩放和漫游。

2.图像编辑

任意形状裁减、粘贴，可以画直线、椭圆、矩形、多边形等。

3.图像运算

分为：逻辑运算、比较运算、代数运算等。

4.图像变换

方法有：傅里叶（逆）变换、彩色（逆）变换、主分量（逆）变换等。

5.图像融合

方法有：加权融合、彩色变换融合、主分量变换融合等。

6.遥感图像制图

包括图框设计与图廓整饰信息的输入，地图注记等。

7.文件管理

可以打开、关闭图像数据文件，打印输出图像，多种图像数据格式的转入转出，包括：TGA，TIFF，GIF，PCX，BSQ，BMP，BIL，RAW，IMG 等。

8.图像统计

可以对多幅图像统计，对多个波段的同一个多边形区域进行统计，可以统计图像之间的相关系数、协方差阵、协方差阵的特征值和特征向量等。

9.图像分类

方法有：最大似然法、最小距离法、等混合距离法、多维密度分割等；分类后处理方法有：变更专题、统计各类地物面积。

10.图像增强

方法有：线性拉伸、分段线性拉伸、指数拉伸、对数拉伸、平方根拉伸、LUT 拉伸、饱和度拉伸、反差增强、直方图均衡、直方图规定化等。

11.图像滤波

方法有：均值滤波、加权滤波、中值滤波、保护边缘的平滑、均值差高通滤波、Laplacian 高通滤波、梯度算子、LOG 算子、方向滤波、用户自定义卷积算子等。

12.图像几何处理

有图像旋转、镜像、参数法纠正、投影变换、仿射变换纠正、类仿射变换纠正、二次多项式纠正、三次多项式纠正、数字微分纠正、图像镶嵌、图像与图像配准等。

## 第四节　属性数据获取

属性数据是对目标的空间特征以外的目标特性的详细描述，包含对目标类型的描述和目标的具体说明与描述。

### 一、属性数据的输入

随着多媒体技术的发展，属性数据不再局限于字符串和数字，图片、录像、声音和文本说明等也常作为空间目标的描述特性，所以可作属性数据收集和处理。

属性数据一般采用键盘输入：

①对照图形直接输入；

②预先建立属性表输入属性，或从其他统计数据库中导入属性，然后根据关键字与图形数据自动连接。

## 二、属性数据的分类

国家资源与环境信息系统规范将数据分为社会环境、自然环境和资源与能源三大类共14小项，并规定了每项数据的内容及基本数据来源。

（一）社会环境

1.城市与人口

①城镇人口，分县人口总数；人口普查办公室；

②自然村密度（大小，数目，按第Ⅲ级网格）；地形图；

③人口分布（按第Ⅲ级网格）；人口普查办公室。

2.交通网

①铁路（双轨，单轨，车站，专用线，长度，运输能力与省界、公路等的交叉点）；铁道部；

②公路（省级，县级，公社简易公路，桥梁与省界、铁路和主要河流的交叉点）；交通运输部；

③航运（港口，泊位，船舶吨位，通航路线，水深，季节变化）；交通运输部；

④航空（航线，航班，航空港，运输能力）；中国民航局。

3.行政区划

①国界、省、市、县级界线与面积（多边形）；外交部、民政部、国家测绘局等；

②省、市、县级管辖区（按第Ⅴ级网格点）；城乡建设与环境保护局等；

③城市规划区（按Ⅴ级网格点）；

④自然保护区管辖范围；林业部等；

⑤工矿区（油田，禁区，饲养场，旅游点，名胜文物保护区）；城乡建设与环境保护局、林业部等。

4.地名

①城市名称及其中心坐标；

②各县名称及县城中心坐标；

③主要河流、湖泊、山峰、港湾名称及坐标；

④自然地理单元及其区域坐标（山脉、流域、盆地、高原）；地名委员会。

5.文化和通信设施

①学校、医院等；文化和旅游部、教育部、卫计委等；

②科学试验站网点（气象，水文，地震台站等）；

③邮电通信网点;邮电部。

(二)自然环境

1.地形

①海拔高程(按V级格式网点);

②山峰高程,水库、湖面高程;

③湖泊,水库,水深,大陆架以及海深;

④地形图与遥感资料检索;国家测绘局。

2.海岸及海域

①分县海岸长度,线段坐标;

②分县岛屿岸线、面积、长度、坐标;

③基本海况:滩涂面积,潮汐,台风,常年风向,底质,温度,海浪等;国家海洋局。

3.水系及流域

①流域划分界线及面积($100km^2$以上与省界交点,控制站点,水库坝址及坐标,分段节点);

②流域辖区(按第Ⅲ级网格);

③水系交汇点(坐标,面积)及干、支流等级,长度(交叉点坐标);水利电力部。

4.基础地质

①地表岩类或沉积层及其时代;原地质矿产部;

②断层性质(特别是活动性质);原地质矿产部、地震局;

③地球物理观测点(重力、地磁、地震等);原地质矿产部、石油部;

④人工地震(浅层、中层和深部,包括海上);地震局、中国科学院;

⑤地球化学观测点及其特性;石油部、地质矿产部、地震局、煤炭部、中国科学院等;

⑥环境地质(地盘沉降,土壤承压力,滑坡泥石流,崩塌等);原地质矿产部、中国科学院;

⑦地震烈度区划;国家地震局。

(三)资源与能源

1.土地资源

①地貌类型(包括海岸和浅海);中国科学院、农牧渔业部;

②土壤类型(包括土壤肥力等);中国科学院等;

③土地利用类型;国家测绘局、农牧渔业部、林业部等;

④灾害(风沙,盐碱,台风,雪害,水土流失,旱涝,霜冻,寒潮);气象局、水电部、农牧渔业部、中国科学院等。

2.气候和水热资源

①辐射量,日照量和云量(按第Ⅲ级网格);中国气象局;

②热量资源(年最高温、最低温、年均温,月均温,积温等);中国气象局;

③降水(年最高,年最低,年、月平均,积雪量等);中国气象局;

④风能;中国气象局;

⑤陆地水文(最高,最低流量,年、月平均流量,含沙量,洪峰,污染等);水电部;

⑥冰川,雪被,冻土;中国科学院、交通运输部、水电部;

⑦湖泊,水库,港湾;

⑧地下水;水利电力部等。

3.生物资源

①主要作物,分年的耕作面积,亩产,灌溉面积等;农牧渔业部;

②森林类型、面积,树种,蓄积量,采伐、更新面积;林业部;

③草场类型、面积、产草量、载畜量;农牧渔业部;

④淡水养殖与渔业(种类、面积、产量等);农牧渔业部;

⑤病虫害,减产频率和程度;农牧渔业部;

⑥野生植物,野生动物资源;农牧渔业部、林业部。

4.矿产资源

①煤炭,泥炭(类型、储量、矿区矿点,生产能力);

②石油、天然气,油页岩(类型、储量、油田、生产能力);

③黑色金属(分类、储量、矿山、生产能力);

④有色金属(分类、储量、矿山、生产能力);

⑤稀土元素(分类、储量、矿山、生产能力);

⑥非金属(分类、储量、矿山、生产能力)。

原地质矿产部、原煤炭部、原石油部、原冶金部、有色金属总公司等。

5.海洋资源

①海洋能源;

②海洋养殖与水产;

③海底矿产资源;

④海涂资源。

## 第五节 空间数据获取技术发展

### 一、三维激光扫描

数字化快速发展的时代，人们对各种应用需求不断深入，三维数据的采集已成为一种新的需求和趋势。

然而，当有时需要采集海量点云为 GIS 提供数据源，描述复杂结构的表面时，单点定位测量方法和摄影测量方法都有不足，如采集效率低、三维建模过程复杂、景深不足等，三维激光扫描技术的出现为解决问题提供了很好的方法。

借助于计算机软件处理，用点、线、多边形、曲线、曲面等形式将立体模型描述出来，便可以实现三维实体在计算中的快速重建。地面三维激光扫描系统是一种集成了多种高新技术的新型空间信息数据获取手段，其工作原理如图4－12所示。

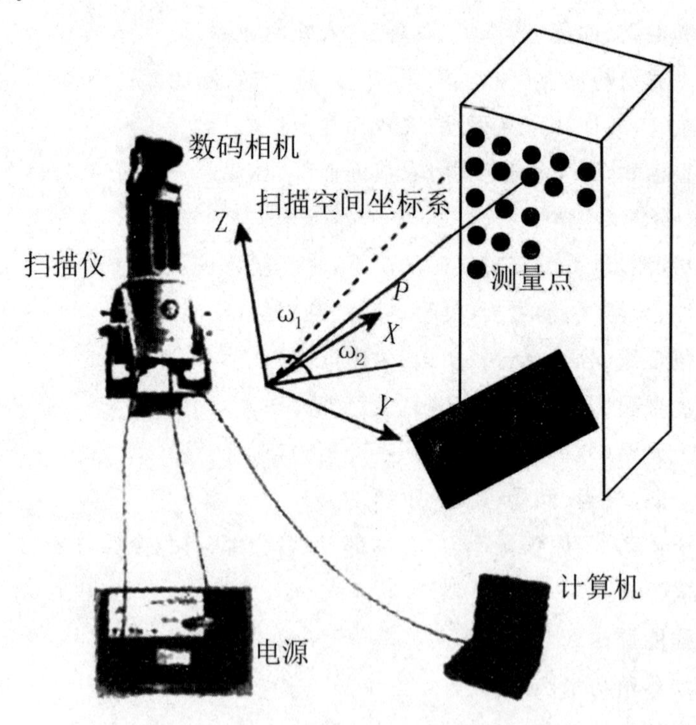


图 4－12　地面三维激光扫描仪工作原理

## 二、合成孔径雷达(SAR)

合成孔径雷达是一种利用微波进行感知的主动传感器,也是微波遥感设备中发展最迅速和最有成效的传感器之一。和光学传感器、红外传感器等传感器相比,合成孔径雷达成像不受天气、光照条件的限制,可对目标进行全天候的侦察。

此外,不同波段、不同极化、不同体制的 SAR 系统的出现,使得人们不仅可以灵活地、全方位地实现对地观测,而且可以实现干涉测量(InSAR)、地面运动目标指示(GMTI)、隐藏目标探测等多种功能,随着空间技术的发展,多基 SAR 系统、由多颗卫星组成的星座 SAR 系统、极化干涉 SAR(Pd－In－SAR)等新系统的出现,也极大地丰富了对地观测的手段,丰富了空间数据源。

海洋卫星的成功发射标志着 SAR 已进入了空间遥感领域。1978 年 6 月 27 日,美国国家航空航天局发射了海洋卫星 1 号(SEASAT－A),首次将合成孔径雷达送入宇宙空间,对地球表面 1 亿 $km^2$ 的面积进行了观测,并用无线电传输方式把 SAR 数据送回地面。通过对该卫星图像解译,人们获得了大量过去未曾得到过的海洋信息,这引起了地球科学家们的极大兴趣和重视。

20 世纪 90 年代,随着先后 5 颗 SAR 卫星被发射升空,并进行多次的航天飞机成像试验,SAR 系统进入了蓬勃发展阶段。1951 年 3 月,苏联发射了"钻石 1 号"(ALMAZ－1)星载 SAR;1991 年和 1995 年,欧洲太空局(ESA)分别发射了"欧洲遥感卫星 1 号"(ERS－1)和"欧洲遥感卫星 2 号"(ERS－2);日本于 1992 年发射了"日本地球资源卫星 1 号"(JERS－1);加拿大于 1995 年发射了"雷达卫星 1 号"(RADARSAT－1)。这些雷达都工作在单一频段、单一极化态,而 ALMAZ－1 与 RADARSAT－1 可以工作在不同的入射角,且 RADARSAT－1 还增加了 SCANSAR 模式,使其一次观测区域增大到 500km。

## 三、GPS 演变 GNSS

全球导航卫星系统(GNSS)是以人造地球卫星作为导航台的星基无线电导航系统,可为全球陆地、海洋、天空的各类军用载体提供全天候、高精度的位置、速度和时间信息。

GNSS 是对美国的全球定位系统(GPS)、俄罗斯的格洛纳斯系统(GLO-

NASS)、欧洲的伽利略(Galileo)和中国的北斗卫星导航系统(BDS)等单个卫星导航定位系统的统一称谓,也可指代它们的增强型系统。现有的增强系统主要分为以下两类:

①陆地增强系统(GBAS),如美国的海事差分 GPS(MDGPS)、澳大利亚的陆基区域增强系统(GRAS);

②利用地球静止或同步卫星建立的星基增强系统(SBAS),如美国的广域增强系统(WAAS)、欧洲的静地星导航重叠服务(EGNOS)等。

(一)GNSS 的系统构成

GNSS 由空间星座部分、地面监控部分和用户设备部分组成。

1.空间星座部分

空间星座部分的主体是运行在轨道上的一定数量的卫星,每一颗卫星一般配置有多台高稳定的原子钟,其中的一台被选中作为时钟和频率标准的发生器,它是卫星的核心设备,卫星各个信号层次的产生和播发都直接或间接地由该频率标准源驱动,从而使得所有这些信号层次在时间上保持同步。

在地面监控部分的监控下,不同卫星之间的时钟相互保持同步。卫星所发射的导航信号除了蕴含着信号发射时间信息以外,它还向外界传送卫星轨道参数用来帮助接收机获得定位的数据信息。

2.地面监控部分

地面监控部分负责整个系统的平稳运行,通常至少包括若干个组成卫星跟踪网的监测站、将导航电文和控制命令播发给卫星的注入站和一个协调各方面运作的主控站,其中主控站是整个 GNSS 的核心。

地面监控部分主要执行如下一些功能:计算各颗卫星的轨道运行参数;监视卫星发生故障与否,发送调整卫星轨道的控制命令;计算各颗卫星的时钟误差,以确保卫星时钟与系统时间同步;跟踪整个星座卫星,测量它们发射的信号;更新卫星导航电文数据,并将其上传给卫星;计算大气层延时等导航电文中所包含的各项参数;启动备用卫星,安排发射新卫星等。

3.用户设备部分

用户设备部分通常指 GNSS 接收机,其基本功能是接收、跟踪 GNSS 卫星导航信号,通过对卫星信号进行频率变换、功率放大和数字化处理,求解出接收机本身的位置、速度和时间。

(二)GNSS 的信号结构

尽管 GPS、GLONASS、Galileo 和 BDS 4 个系统的信号参数不尽相同,但总体上信号结构可分成载波、伪码和数据码。

1.载波

载波是无线电中 L 波段不同频率的电磁波，其主要作用是传送伪码和数据码，即首先把伪码和数据码调制在载波上，然后再将调制波播发出去，此外载波还可以作为一种测距信号来使用。

2.伪码

伪码由“0”和“1”组成，是一种二进制编码，对电压为 $\pm 1$ 的矩形波，正波形代表“0”，负波形代表“1”，一位二进制数为 1 bit 或一个码元。

不同系统的伪码具有不同的码元宽度、码率和周期等特征参数。伪码的主要功能是测定从卫星到接收机间的距离，因此也被称为测距码。

3.数据码

数据码指由 GNSS 卫星向用户播发一组包含卫星星历、卫星工作状态、时间系统、卫星时钟运行状态、轨道摄动改正、大气折射改正等重要数据的二进制码，是导航电文。它是利用 GNSS 进行导航定位时一组必不可少的数据。

（三）GNSS 定位方法

GNSS 定位的基本原理本质上都是相同的，定位精度主要取决于定位模式和观测值类型。

1.单点定位

单点定位的本质是空间测距交会。当用户接收机在某一时刻同时测定接收机天线至 4 颗卫星的距离 $\rho_1$、$\rho_2$、$\rho_3$、$\rho_4$ 时，只需以 4 颗卫星为球心，测得的距离为半径，即可交会出用户接收机天线的空间位置，其数学模型为

$$\rho_i=[(X_i-X)^2+(Y_i-Y)^2+(Z_i-Z)^2]^{1/2},i=1,2,3,4$$

式中，X，Y，Z 为卫星的三维坐标；$X_i$，$Y_i$，$Z_i$ 为待测点的三维坐标。因此只要利用数据码计算出当前时刻卫星的空间位置，并同时测定距离，即可计算出位置。

GNSS 信号中伪码和载波都能够实现测定卫星到接收机天线距离的功能，因此相应有伪码单点定位和载波单点定位。

①伪码单点定位。利用伪码观测值、广播星历所提供的卫星星历以及卫星钟改正数建立观测方程，由于误差的影响较为显著，定位精度一般较差，所以这种定位方法在车辆、船舶的导航以及资源调查、环境监测、防灾减灾等领域中应用较为广泛。

②载波单点定位。使用载波观测值，同时还需要高精度卫星星历和卫星钟

差及各种精确的误差改正(如地球固体潮改正、海潮负荷改正、引力延迟改正等),可以达到很高的定位精度。实践表明,静态观测24h的平面坐标精度可优于1cm,高程精度可优于2cm。随着对精密单点定位研究的深入,在未来用户只需用一台接收机即可在全球范围内直接获得高精度的三维坐标。

2.相对定位

相对定位确定同步观测相同的GNSS卫星信号的若干台接收机之间的相对位置。在相对定位的过程中同步观测的接收机所引起的许多误差可以消除或大幅度减弱,从而获得很高精度的相对位置。同样地,根据所用观测值的不同,相对定位也可以分成伪码相对定位和载波相对定位。

①伪码相对定位。通过差分处理,削弱了误差的影响,精度明显提高。根据相对定位距离长短和观测质量好坏,伪码相对定位可达到分米到米级的定位精度。

②载波相对定位。在动态测量的情况下通常称为RTK测量。RTK测量是一种采用载波观测值的实时动态相对定位技术,通过与数据通信技术相结合,能够实时地提供测站点在指定坐标系中的三维定位结果,并达到厘米级精度。载波相对定位是GNSS用于GIS数据采集时使用的最为重要的方法,极大地方便了需要高精度动态定位服务的用户,因此在工程放样、数字化测图、地籍测量等工作中应用广泛。

在RTK定位系统中,基准站接收GPS卫星信号并通过无线电数据链实时向移动站提供载波相位观测值和测站坐标信息,移动站接收GPS卫星信号和基准站发送的数据,通过数据处理模块使用动态差分定位的方式确定出移动站相对于基准站的坐标增量,然后根据基准站的坐标求得用户的瞬时绝对位置。

网络RTK(多基准站RTK)是在常规RTK、计算机技术、通信网络技术的基础上发展起来的一种实时动态定位新技术。与常规RTK技术相比,网络RTK技术最大的优点是有效作用范围广、定位精度高,可实时提供厘米级的定位,另外其可靠性、可用性等也较常规RTK有较大的提高。

# 第五章　地理空间数据处理与质量控制

## 第一节　空间数据编辑

空间数据编辑的任务主要有两个方面:一是修改数据生产过程中产生的错误表达;二是将各种形式表达的数据编辑为GIS数据建模所要求的表达方式。

### 一、数据表达错误的编辑

在数据生产中,或多或少会存在一些错误的表达,这就需要通过数据编辑处理加以改正。图5－1所示为常见的表达错误,这些错误主要是位置不正确造成的。

数据表达错误涉及节点、弧段和多边形三种类型。其中,节点错误主要是节点不达、超出和不吻合等。伪节点的情况不一定是错误,可能是表达的折线的角点超出所规定的个数(如5000个)造成的。如果节点连接的两条折线的角点个数没有超出一条折线所规定的个数,且两条折线同属一个特征,则这个节点是伪节点,应该删除它。若是节点超出,问题就转化为线的问题,应删除超出的线段。此外,直线悬空也未必一定是错误,如城市的立交道路,如果必须相交,则应增加交点节点。节点不吻合的现象经常发生,应该将不吻合的多个节点做黏合处理。

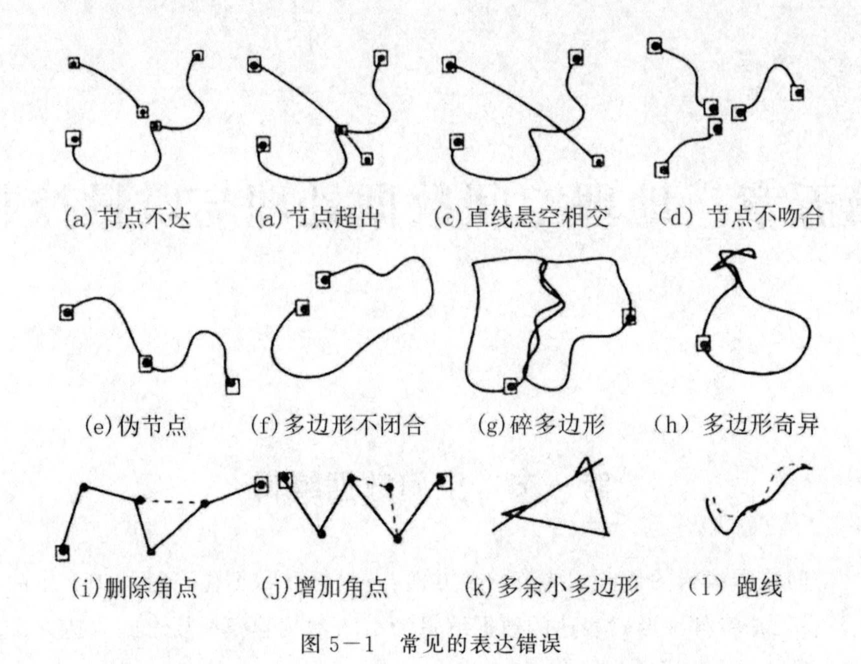


图 5－1　常见的表达错误

多边形不闭合,则是一条折线,会失去多边形的含义。碎多边形和奇异多边形可能是数字化过程产生的,应加以改正。删除和增加角点,会改变线性特征的形状,应加以适当处理。多余的小多边形必须删除,跑线需要重新数字化或测量。

然而,数据表达错误远不止这些,一些特殊的表达错误需要按照节点、弧段和多边形错误改正方法进行改正,有时需要更为复杂的操作才能完成,如先分割一条线,再删除其某一部分。

## 二、空间数据的拓扑编辑

空间对象之间存在空间关系,如几何关系、拓扑关系、一般关系等。如果存在逻辑表达不合理,则也需要进行编辑改正。拓扑编辑主要是基于拓扑规则进行的,在 GIS 软件中,先产生拓扑类,根据拓扑类,定义拓扑规则,按照拓扑规则验证拓扑表达关系是否正确。图 5－2 所示为一些常用的拓扑规则。

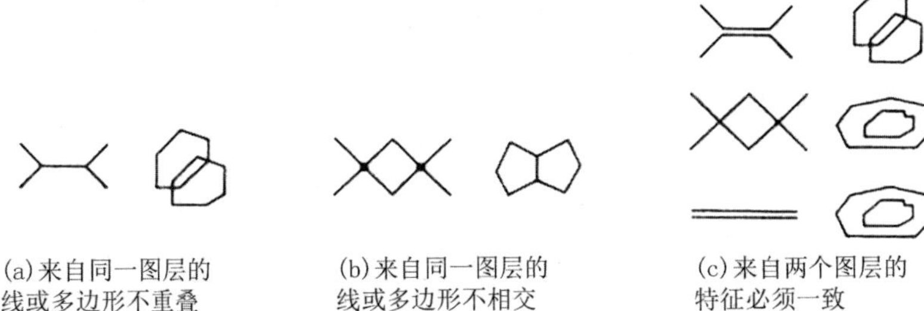
(a)来自同一图层的线或多边形不重叠　(b)来自同一图层的线或多边形不相交　(c)来自两个图层的特征必须一致

图 5－2　常用的拓扑规则

### 三、空间数据的值域约束编辑

在空间数据的错误编辑或形状编辑过程中,会影响其属性取值。这也需要一些规则来给编辑后的特征对象进行赋值。属性取值采用值域约束规则,包括范围域、编码域和缺省值等。

范围域通过设置最大和最小值域,对对象或特征类的数字取值进行规则验证,适用于文本、短整型、长整型、浮点型、双精度和日期型的数据类型。

特征的许多属性是分类属性。例如,土地利用类型可以采用一个值的列表作为约束规则,如“居住”“工业”“商业”“公园”等。可以使用代码域随时更新列表约束规则。

在数据输入时,一个经常出现的情形是,对于某个属性,经常使用相同的属性取值。使用属性的缺省值规则,可以为特征类在产生、分割或合并时的子类赋缺省值。例如,选择“居住”为缺省值,当地块产生、分割或合并时进行赋值,适用于文本、短整型、长整型、浮点型、双精度和日期型的数据类型。

一旦设置了上述的值域约束规则,在对象被分割和合并时,就可以为子对象进行赋值。例如,当一个地块被分割为两个时,新的地块的属性取值可能是基于它们各自面积所占的比例赋值。或者将某个属性值直接复制给这两个地块,或者将缺省值赋给新的对象。当合并对象时,新对象的属性值可以是缺省值、求和的值或加权平均值。

# 第二节　空间拓扑关系与自动建立

## 一、空间拓扑关系

在 GIS 中，要想真实地反映地理实体，不仅要包括实体的位置、形状、大小和属性，还必须反映实体之间的相互关系，包括邻接关系、关联关系和包含关系。

如图 5－3 所示，A、B、C、D 为节点；a、b、c、d、e 为线段（弧段）；$P_0$、$P_1$、$P_2$、$P_3$、$P_4$为面（多边形）。

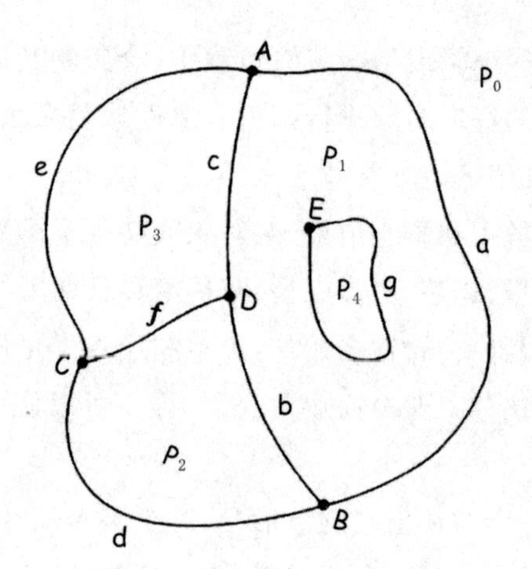


图 5－3　空间数据的拓扑关系

包含关系又有简单包含、多层包含和等价包含等三种形式，如图 5－4 所示。

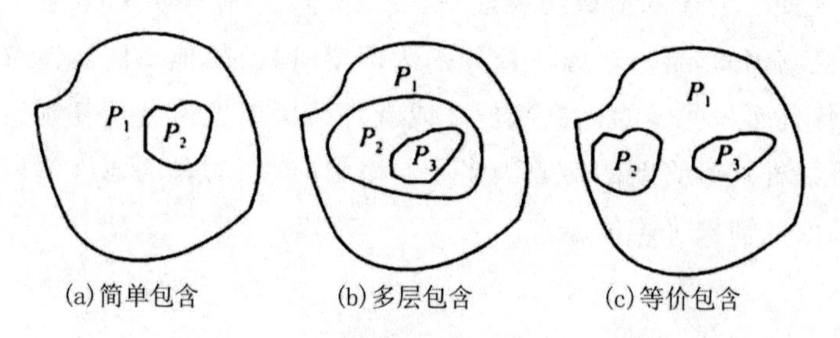


图 5－4　面实体间的拓扑包含关系示意图

## 二、拓扑关系的建立

在图形修改完毕后，需要对图形要素建立正确的拓扑关系。在建立拓扑关系时，只需关注实体之间的连接、相邻关系，而不必掌握节点的位置、弧段的具体形状等非拓扑属性。

（一）点线拓扑关系的建立

1.在图形采集和编辑中实时建立

此时有记录节点所关联的弧段以及弧段两端点的节点的两个文件表，如图5—5所示，两条弧段 $A_1$、$A_2$ 已经数字化，当从 $N_2$ 出发数字化第三条弧段 $A_3$ 时，起始节点首先根据空间坐标，寻找它附近是否存在已有的节点或弧段，若存在节点，则将作为它的起节点。到终节点时，进行同样的判断和处理。同理可数字化剩余弧段，最终建立节点与弧段的拓扑关系。

2.系统自动建拓扑关系

系统可在图形采集与编辑后自动建立拓扑关系，其基本思想与在图形采集和编辑中实时建立类似，在执行过程中逐渐建立弧段与起、终节点和节点关联的弧段表。

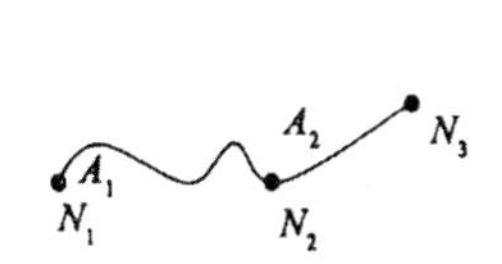


弧段-节点表

| ID | 起节点 | 终节点 |
|---|---|---|
| $A_1$ | $N_1$ | $N_2$ |
| $A_2$ | $N_2$ | $N_3$ |

节点-弧段表

| ID | 关联弧段 |
|---|---|
| $N_1$ | $A_1$ |
| $N_2$ | $A_1$，$A_2$ |
| $N_3$ | $A_2$ |

弧段-节点表

| ID | 起节点 | 终节点 |
|---|---|---|
| $A_1$ | $N_1$ | $N_2$ |
| $A_2$ | $N_2$ | $N_3$ |
| $A_3$ | $N_2$ | $N_4$ |

节点-弧段表

| ID | 关联弧段 |
|---|---|
| $N_1$ | $A_1$ |
| $N_2$ | $A_1$，$A_2$，$A_3$ |
| $N_3$ | $A_2$ |
| $N_4$ | $A_3$ |

弧段-节点表

| ID | 起节点 | 终节点 |
|---|---|---|
| $A_1$ | $N_1$ | $N_2$ |
| $A_2$ | $N_2$ | $N_3$ |
| $A_3$ | $N_2$ | $N_4$ |
| $A_4$ | $N_3$ | $N_4$ |

节点-弧段表

| ID | 关联弧段 |
|---|---|
| $N_1$ | $A_1$ |
| $N_2$ | $A_2$，$A_2$，$A_3$ |
| $N_3$ | $A_2$，$A_4$ |
| $N_4$ | $A_3$，$A_4$ |

图5—5　节点与弧段拓扑关系的实时建立

（二）多边形拓扑关系的建立

多边形有三种情况：

①与其他多边形没有共同边界的独立多边形，如独立房屋，这种多边形由于仅涉及一条封闭的弧段，故可以在数字化过程中直接生成；

②具有公共边界的简单多边形，在数据采集时，仅输入边界弧段数据，然后用一种算法自动将多边形的边界聚合起来，从而建立多边形文件；

③嵌套多边形，除了要自动建立多边形外，还需考虑多边形内的多边形。

现以具有公共边界的简单多边形为例，讨论多边形拓扑关系建立的步骤和方法。

1.进行节点匹配（snap）

图 5－6 为节点匹配示意图，其中端点 A、B、C 由于数字化误差坐标不完全一致，导致不能建立关联关系。因此，以任一弧段的端点为圆心，以给定容差为半径，产生搜索圆，搜索落入该搜索圆内的其他弧段的端点，若有，则取这些端点坐标的平均值作为节点位置，并代替原来各弧段的端点坐标。

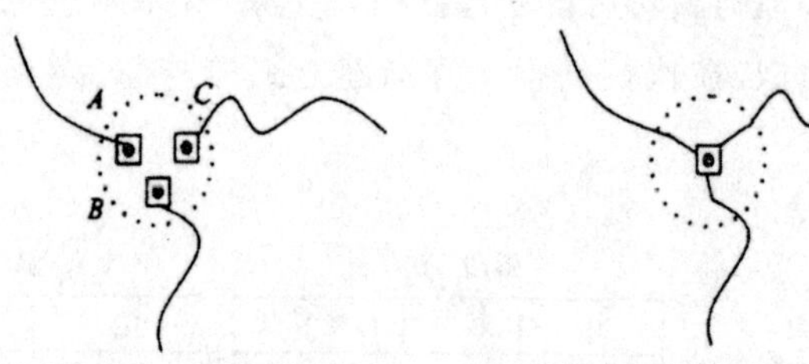


（a）3个没有吻合在一起的弧段端点　　（b）经节点匹配处理后产生的同一节点

图 5－6　节点匹配示意图

2.建立节点—弧段拓扑关系

在节点匹配的基础上，对产生的节点进行编号，并产生拓扑关系文件表，如图 5－7 所示。

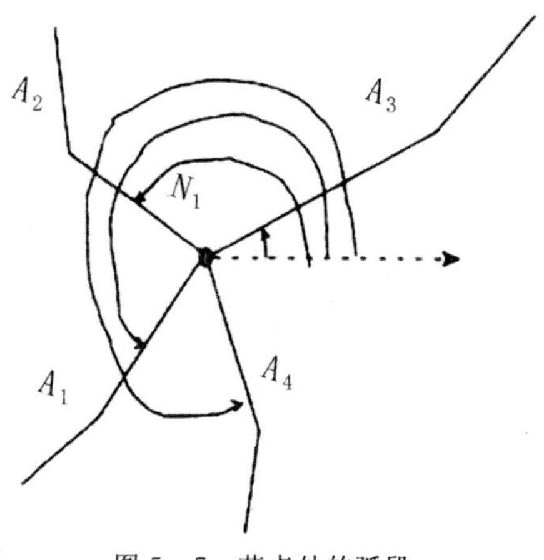


图 5－7　节点处的弧段

3.多边形的自动生成

多边形的自动生成实际上就是建立多边形与弧段的关系，并将弧段关联的左右多边形填入弧段文件中。

在建立多边形拓扑关系前，应先将所有弧段的左、右多边形都置为空，并将已经建立的节点—弧段拓扑关系中各个节点所关联的弧段按方位角大小排序，如图 5－8 所示。

| ID | 关联弧段 |
| --- | --- |
| $N_1$ | $A_3$, $A_2$, $A_1$, $A_4$ |

图 5－8　在节点处弧段按方位角大小排序

（三）网络拓扑关系的建立

网络拓扑关系的建立主要是确定节点与弧段之间的拓扑关系，可由 GIS 软件自动完成，其方法与建立多边形拓扑关系相似。在一些特殊情况下，两条相互交叉的弧段在交点处不一定需要节点，如道路交通中的立交桥，在平面上相交，但实际上不连通，这时需要手工修改，将在交叉处连通的节点删除，如图 5－9 所示。

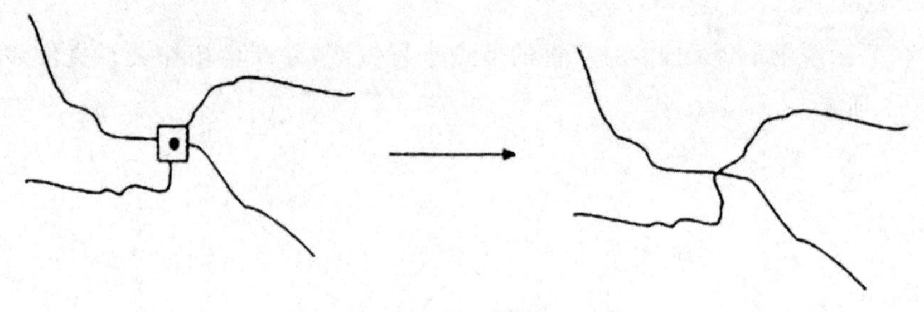

图 5－9　删除不必要的节点

## 第三节　矢量、栅格数据相互转换

### 一、矢量数据

(一)矢量数据的获取方式

矢量数据最基本的获取方式就是利用各种定位仪器设备采集空间数据。例如,利用 GPS、平板测土仪等可以快速测得空间任意一点的地理坐标。通常情况下,利用这些设备得到的坐标是大地坐标(即经纬度数据),需要经过投影方可被 GIS 所使用。

(二)矢量数据结构编码的方法

1.实体式

实体式数据结构是指构成多边形边界的各个线段,以多边形为单元进行组织。

2.索引式

索引式数据结构采用树状索引以减少数据冗余并间接增加邻域信息,具体方法是对所有边界点进行数字化,将坐标对以顺序方式存储,由点索引与边界线号相联系,以线索引与各多边形相联系,形成树状索引结构。

3.双重独立式

双重独立式数据结构是对图上网状或面状要素的任何一条线段,用其两端的节点及相邻面域来予以定义。

4.拓扑式

拓扑结构编码法在数据编码时,已把关联关系存储起来,因此在输入数据的同时，输入拓扑连接关系，便可从一系列相互关联的链中建立拓扑结构。因此，利用拓扑结构编码法，可以直接查询多边形嵌套和邻域关系的表达。

## 二、栅格数据

### 1.栅格数据层的概念

在栅格数据结构中，物体的空间位置就用其在笛卡儿平面网格中的行号和列号坐标表示，物体的属性用像元的取值表示。每个笛卡儿平面网格表示一种属性或同一属性的不同特征，这种平面称为层。在图 5－10 中，图 a 为现实世界按专题内容的分层表示，第三层为植被，第二层为土壤，第一层为地形，图 b 为现实世界各专题层所对应的栅格数据层，图 c 为对不同栅格数据层进行叠加分析得出的分析结论。

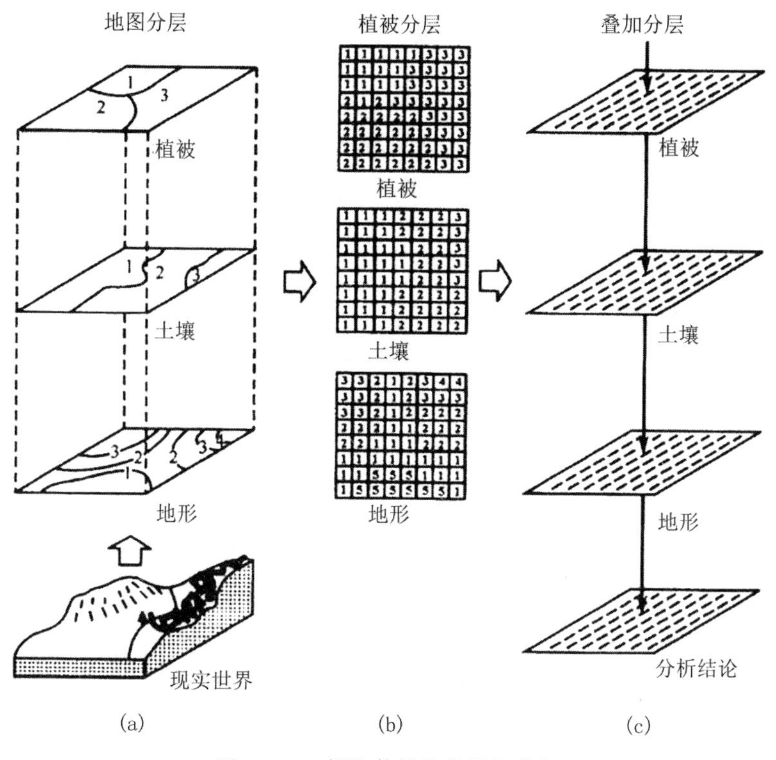


图 5－10　栅格数据的分层与叠加

### 2.栅格数据的组织方法

若基于笛卡儿坐标系上的一系列叠置层的栅格地图文件已建立，那么在组织数据达到最优数据存取、最少存储空间、最短处理过程中，如果每层中每个像元在数据库中都是独立单元，即数据值、像元和位置之间存在着一对一的关系，则按上述要求组织数据的可能方式有三种，如图 5－11 所示。

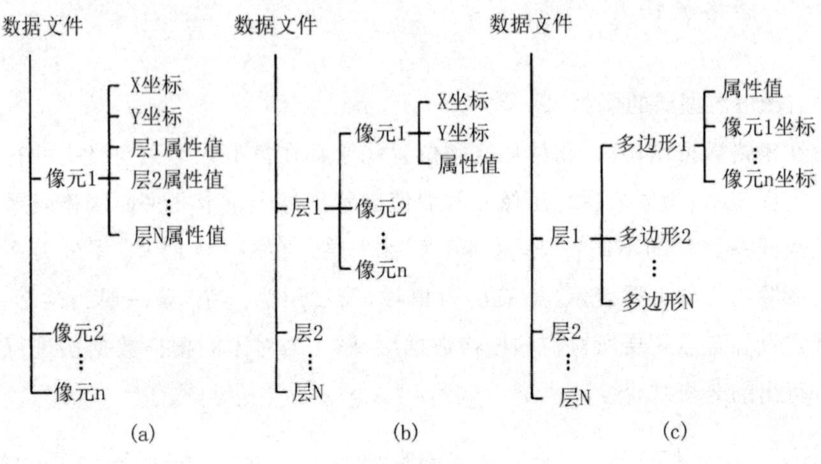


图 5－11　栅格数据组织方式

3.栅格数据取值方法

中心归属法：每个栅格单元的值以网格中心点对应的面域属性值来确定，如图 5－12a 所示。

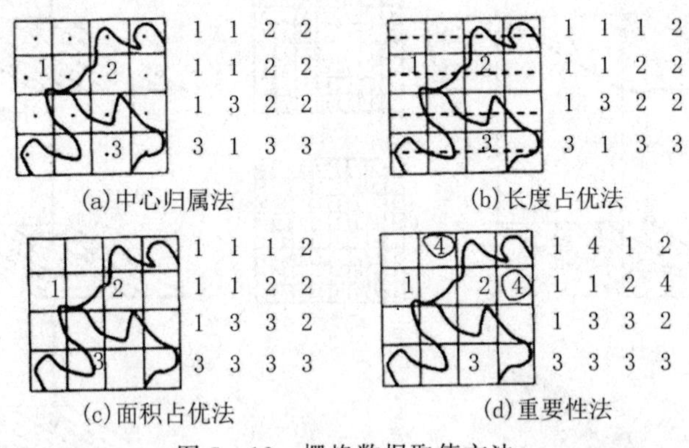


图 5－12　栅格数据取值方法

长度占优法：每个栅格单元的值以网格中线（水平或垂直）的大部分长度所对应的面域的属性值来确定，如图 5－12b 所示。

面积占优法：每个栅格单元的值以在该网格单元中占据最大面积的属性值来确定，如图 5－12c 所示。

重要性法：根据栅格内不同地物的重要性程度，选取特别重要的空间实体决定对应的栅格单元值，如稀有金属矿产区，其所在区域尽管面积很小或不位于中心，也应采取保留的原则，如图 5－12d 所示。

## 三、矢量数据与栅格数据的相互转换

矢量数据和栅格数据是一个 GIS 支持的两种重要数据格式，两者之间具有优势互补的特性。在数据分析、制图和显示时，经常需要进行二者之间的相互转换。

矢量和栅格数据之间的相互转换在 GIS 中是重要的。栅格化是指将矢量数据转换为栅格数据格式。栅格数据更容易产生颜色编码的多边形地图，但矢量数据则更容易进行边界跟踪处理。矢量数据转换为栅格数据也有利于与卫星遥感影像集成，因为遥感影像是栅格的。图 5－13 所示为一个矢量多边形转换为栅格形式的过程。

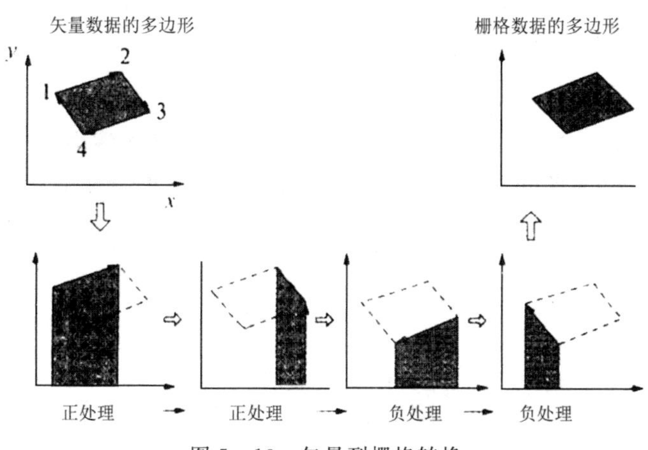


图 5－13　矢量到栅格转换

将矢量数据转换为栅格数据，有利于数据的显示，如可以建立金字塔结构的数据，实现多尺度显示和缓存显示；将矢量数据栅格化有利于利用栅格数据代数运算模式，进行空间分析，其计算成本会低于矢量数据运算；将栅格数据转换为矢量数据，便于对数据进行几何量测运算，如需要更高精度的距离和面积量算等。

而栅格数据转换为矢量数据，需要将离散的栅格单元转换为独立表达的点、线或多边形。该转换的关键是正确识别点数据单元、边界数据单元、节点和角点单元，并对构成特征的数据单元进行拓扑化处理。

矢量数据转换为栅格数据，需要根据设定的栅格分辨率，将矢量数据的空间特征转换为离散的栅格单元，即将地图坐标转换为栅格单元的行列号，栅格单元的属性通过属性赋值获得。

矢量数据比栅格数据更加严密。由于矢量数据在编码过程中考虑点、线、面之间的拓扑关系，因此在进行拓扑操作时更加方便。矢量数据是通过记录节点坐标的方式来构建图形的，不会因为图形的缩放而产生"锯齿"的现象，使得矢量数据的图形输出更为美观。然而，矢量数据的结构比较复杂，与栅格数据相比，叠加操作不方便，且表达空间性的能力较差，难以实现增强处理。

栅格数据通过行列号和像元值记录信息，数据结构简单，可以直接对指定的像元值处理，叠加操作简单。而且栅格值的变化可以有效表达空间的可变性。因为栅格数据具有可变性，可以通过像元值的调整，实现图像的增强处理，突出表达某一类信息。例如，在水文分析中，增强水体的专题信息；在城市扩张分析中，增强建筑用地的专题信息。然而，栅格数据的数据量较大，往往需要压缩操作，并且难以表达空间实体之间的拓扑关系。在图像输出时，栅格数据放大后会出现"锯齿"的现象，使得其图形输出不美观。

(一)矢量数据到栅格数据的格式转换

在矢量数据向栅格数据格式转换之前，先设置栅格图像的分辨率。分辨率决定数据转换后的精度。选择栅格尺寸，既要考虑数据精度的要求、数据量的大小，又要考虑是否会引起信息的过多缺失。

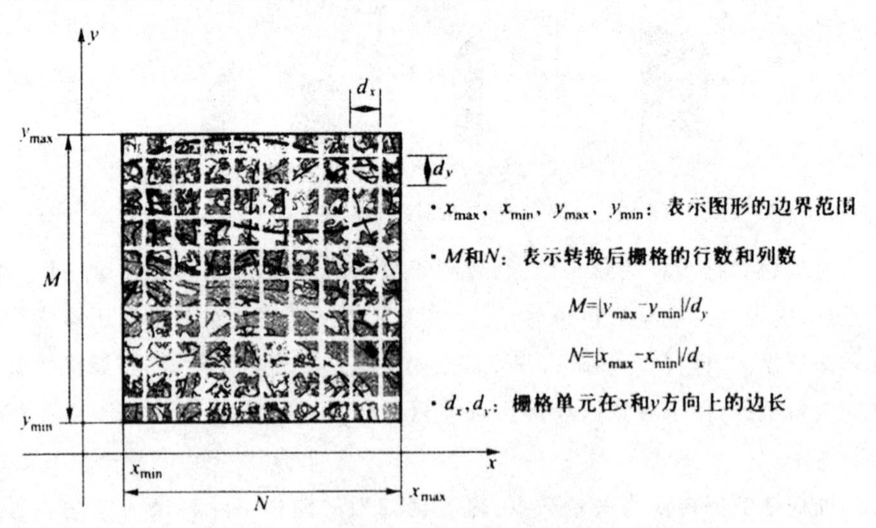


图 5－14　矢量数据转为栅格数据的行列式计算

如图 5－14 所示，根据所需精度要求，设定分辨率，即像元大小 $d_x$、$d_y$。利

用图像的边界范围 $x_{max}$、$x_{min}$、$y_{max}$、$y_{min}$，根据公式，可求出转换后栅格的行列数，进而得出栅格数据的覆盖范围，最终可以估算数据量。

点、线、面三种实体由矢量数据转换成栅格数据格式的方法各不相同。点矢量数据向栅格数据转换只需把已经记录下来的点坐标换算成行列号，然后向对应的栅格赋值即可，如图 5－15 所示。

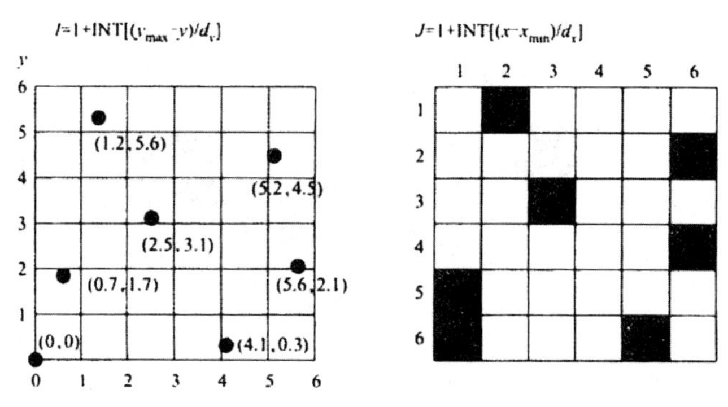


图 5－15　矢量点转栅格点

线矢量数据向栅格转换需要求解线段所经过的网格单元集合。可以将折线、曲线等都看作由若干条的直线段组成或逼近，如图 5－16 所示。

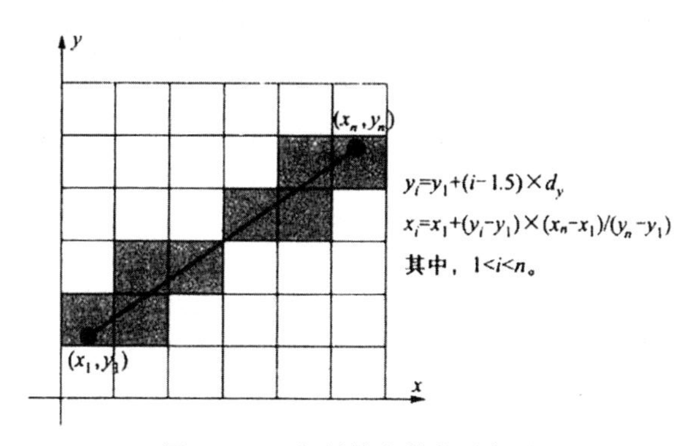


图 5－16　矢量线段转换为栅格

假设某一线段的端点坐标分别为$(x_1, y_1)$，$(x_n, y_n)$，且 $y_n > y_1$。线段两端点所在栅格的行列号分别为 $I_1$、$J_1$ 和 $I_n$、$J_n$。设点$(x_i, y_i)$是直线段与栅格水平中心线的交点坐标，将该点代入转换公式就可以解出各个中间节点$(x_i, y_i)$的坐标值。根据点转换公式，由$(x_i, y_i)$计算出每个点对应的行列号，并对相应的像元赋值，便可实现线矢量数据向栅格数据的转换。

多边形矢量数据的栅格化需求解多边形所占的网格单元集合，然后进行统一赋值。多边形矢量向栅格图像转换的方法繁多，包括内部扫描算法、边界代数填充法、点扩散法、复数积分算法、射线算法等。内部扫描算法是把矢量图像叠置在栅格图像上，沿阵列的行方向对整幅栅格图像进行扫描，若遇到在多边形矢量边界上的栅格就记录下来，由此确定一行中的起始和末尾栅格，而两者之间的栅格均属于多边形范围，可以进行统一赋值。

边界代数填充算法是一种基于积分思想的矢量格式向栅格格式转换的算法，适用于记录拓扑关系的多边形矢量数据转换，其基本思路如图 5－17 所示。

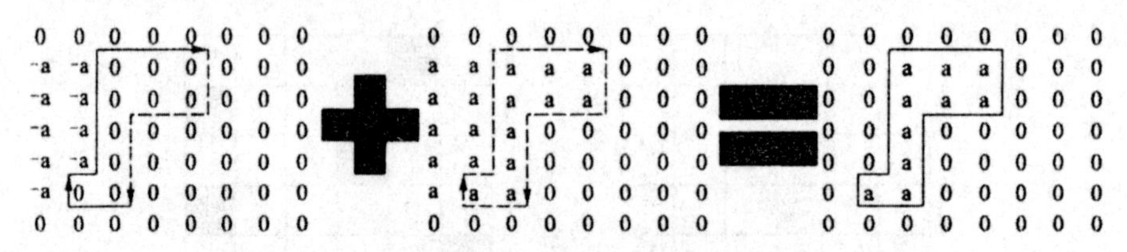

图 5－17　边界代数填充法

（二）栅格数据到矢量数据的格式转换

栅格数据向矢量数据的格式转换的基本思路可以分为 4 步。

1.图像二值化

图像的二值化，就是把原本以不同灰度值度量的像元用 0 和 1 两个值来表示。例如，可以设定某一阈值，如果像元原灰度值大于阈值则设为 1，否则设为 0。

2.提取特征点

图像二值化后的特征点，主要集中在像元值 0 和 1 的交界处。

3.追踪特征点

如果特征点的连线是闭合的，则可以作为多边形要素；如果特征点的连线是非闭合的，则只能作为线要素；孤立的像元，则作为点要素。完成点、线、面矢量化后，就可以建立拓扑关系，以及与属性数据相关联的关系。

4.几何要素化简

其关键是删除冗余节点。例如，直线在转换过程中可能进行了多次取点，应该删去冗余节点以节省存储空间。

栅格数据向矢量数据的格式转换需要从检测栅格数据的边界开始，并在此基础上进行细化。边界检测的结果很大程度上决定了最后的转换精度。双边界直接搜索法是一种广泛应用的边界检测算法，其基本思路是通过 2×2 栅格阵列表示可能存在的边界情况，如图 5－18 所示。沿行、列方向对栅格图像进行扫描，并对边界点和节点进行提取和标识，然后把边界点连成弧段，并记录弧段的左右多边形，如图 5－19 所示。

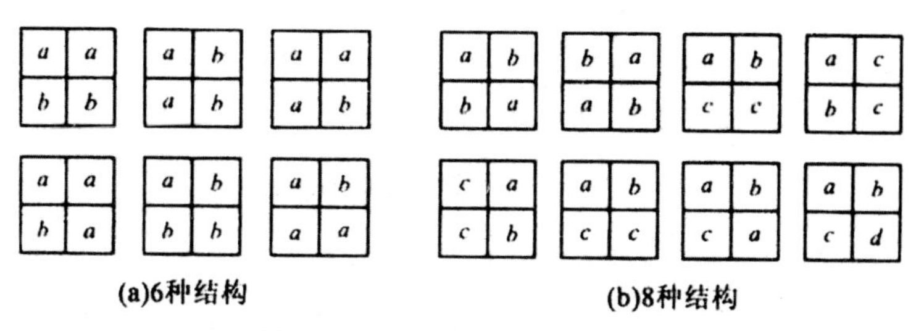


图 5－18　双边界搜索栅格阵列

| c | c | c | c | c | c | c | c | b | c |
|---|---|---|---|---|---|---|---|---|---|
| c | c | a | a | a | a | a | b | b | c |
| c | c | a | a | a | a | a | a | c | c |
| c | c | a | a | a | a | a | a | c | c |
| c | c | a | a | a | a | a | a | c | c |
| c | c | a | a | a | a | a | a | c | c |
| c | c | a | a | a | a | a | a | c | c |
| c | c | c | c | a | a | a | a | c | c |
| c | c | c | c | a | a | a | a | c | c |
| c | c | c | c | c | c | c | c | c | c |

|  | c | c | c | c | c | c | c | b | c |
|---|---|---|---|---|---|---|---|---|---|
|  | c | a | a | a | a | a | b | b | c |
|  | c | a |  |  |  | a | a | c | c |
|  | c | a |  |  |  |  | a | c |  |
|  | c | a |  |  |  |  | a | c |  |
|  | c | a |  |  |  |  | a | c |  |
|  | c | a | a | a |  |  | a | c |  |
|  | c | c | c | a |  |  | a | c |  |
|  |  |  | c | a | a | a | a | c |  |
|  |  |  | c | c | c | c | c | c |  |

图 5－19　双边界搜索法提取边界结果

# 第四节　空间数据压缩

## 一、矢量数据的压缩

矢量数据的压缩可以减少数据的存储空间，提高数据的传输效率和应用处理速度；同时也能够形成不同详细程度的数据，以提供不同层次的管理、规划与决策服务。

矢量数据的压缩方法繁多。在进行记录点取舍判断时，分类的主要依据是根据数据的局部特征、全局特征或者无约束地进行取舍。

1.间隔法

间隔法不考虑记录点是拐点、极值点还是其他特征点，是一种无约束的矢量数据压缩方法。若按间隔取点，则除保留首尾节点外，每隔 n 个点就取一个点，如图 5－20 所示。

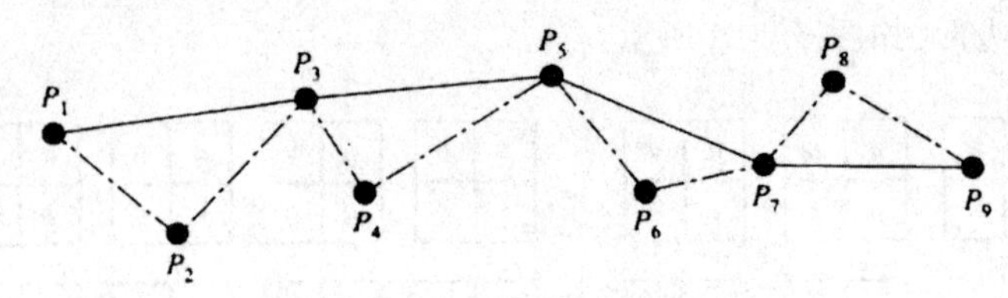


图 5－20　按间隔取点的压缩方法

若按距离取点，则设置阈值 L，如 $P_1$ 到 $P_2$ 距离大于 L，保留 $P_2$ 点；$P_2$ 到 $P_3$ 距离大于 L，保留 $P_3$ 点；$P_3$ 到 $P_4$ 距离小于 L，就舍去 $P_4$ 点；$P_3$ 到 $P_5$ 的距离大于 L，便保留 $P_5$ 点；以此类推，如图 5－21 所示。

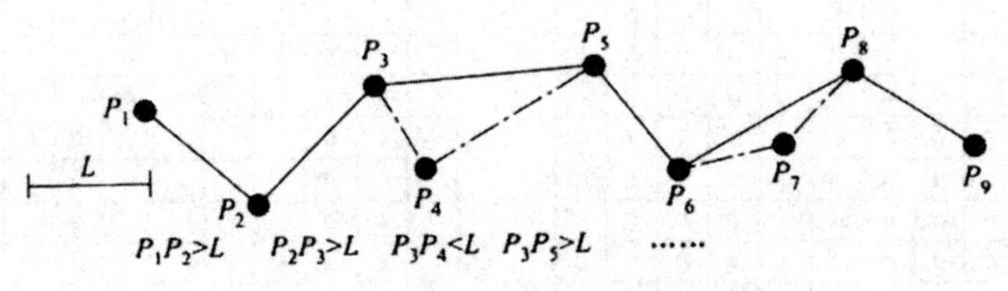


图 5－21　按距离取点的压缩方法

2.光栏法

光栏法是一种约束的局部扩展处理算法。在光栏法中，节点取舍的确定不仅由邻近 3 个点的相对位置来决定，同时需要考虑其他邻近点的影响，如图 5－22所示。光栏法的关键是通过对每条折线段的尾节点作垂线，构建受约束的扇形区域，来判断下一节点是否在扇形区域内。

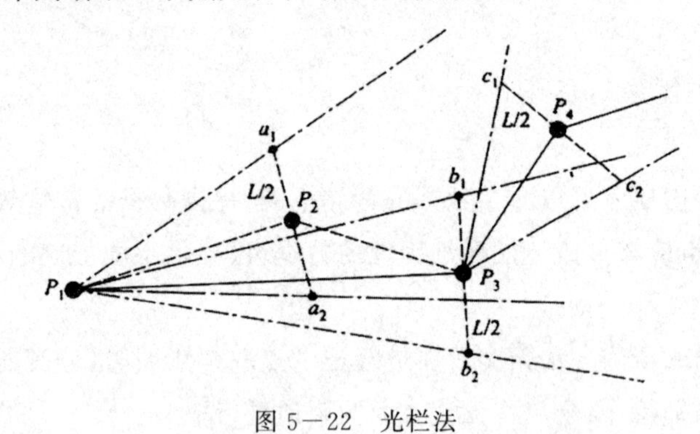


图 5－22　光栏法

3.垂距法

垂距法是一种考虑局部几何特征的矢量数据压缩方法。在给定的曲线上每次按顺序取 3 个点（如 $P_1$、$P_2$、$P_3$ 点），计算中间点 $P_2$ 与其他两点（$P_1$ 和 $P_3$）连线的垂距 d，并与设定的阈值 L 进行比较。若垂距 d 大于阈值 L，则保留 $P_2$ 点，否则就删除 $P_2$ 点，如图 5－23 所示。

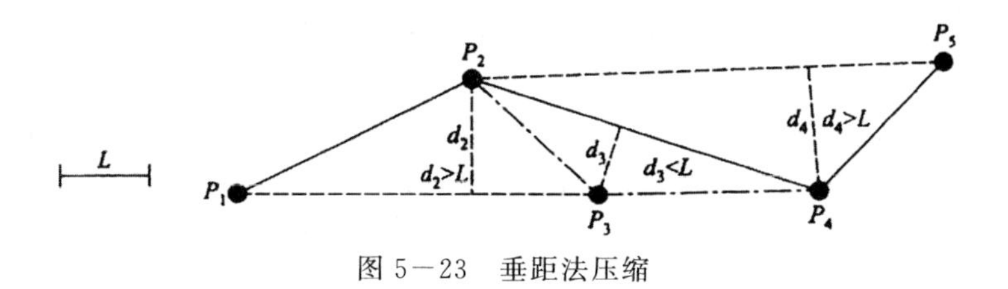


图 5－23　垂距法压缩

4.偏角法

偏角法也是一种考虑局部特征的压缩处理算法，主要考虑的是连续三点之间的角度变化，计算连接第一点和第二点的向量与连接第一点和第三点的向量之间的夹角。如果夹角超过了预定的角度限差，就保留中间点，否则予以删除，如图 5－24 所示。

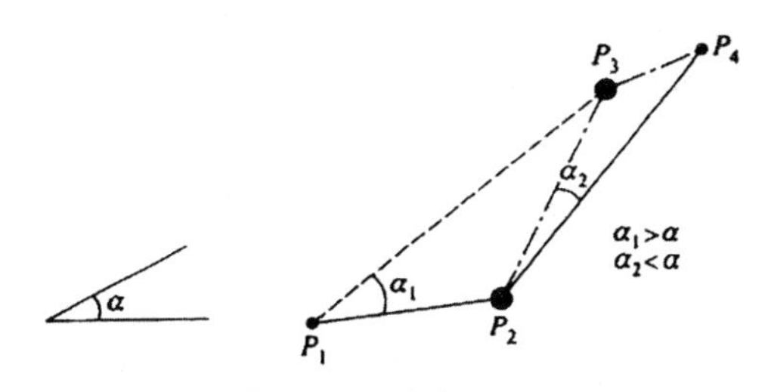


图 5－24　偏角法压缩

5.道格拉斯—普克算法

道格拉斯—普克算法是一种考虑全局的压缩处理算法。该方法确定某个节点的取舍不仅需要观察其邻近点，还要考察该节点对全局的贡献度。算法的压缩思路如图 5－25 所示。

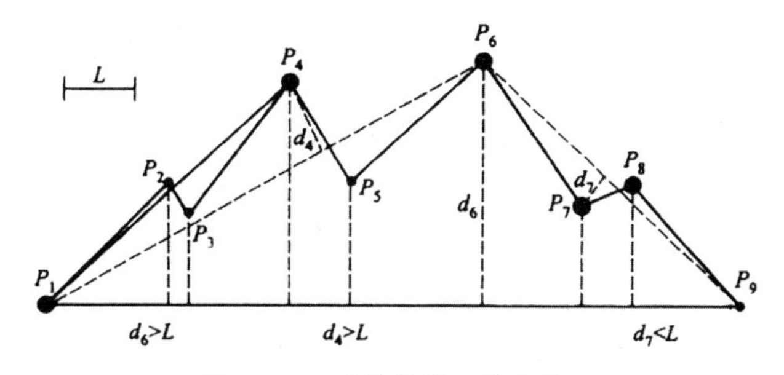


图 5－25　道格拉斯—普克算法

首先连接曲线的首末节点 $P_1$ 到 $P_9$，然后计算每个中间点到线段 $P_1P_9$ 的距离，并找到最大的距离 $d_{max}$。如果 $d_{max}$ 小于阈值，则删除所有的中间节点，否则就保留对应 $d_{max}$ 的中间点。在此例中，$d_6$ 是最大的距离，且大于阈值 L，则以 $P_6$

为首末节点，连接 $P_1$ 到 $P_6$、$P_6$ 到 $P_9$ 的连线，将原曲线分为两段。再针对每段曲线重复上述计算方法，直至遍历。

道格拉斯—普克算法是通过递归计算来选择曲线的特征点。与原曲线相比，其优点是整体位移最小，而保留的特征点能够与手工综合选择的关键点基本一致。

## 二、栅格数据压缩

### 1.直接栅格编码

直接栅格编码是最简单、最直观的一种栅格结构编码方式，它把规则网格平面作为一个二维矩阵进行数字表达，在网格中每一个栅格像元都具有相应的行列号，而把属性值作为相应矩阵元素的值，逐行逐个记录代码，可以每行都从左到右逐个记录，也可以奇数行从左到右而偶数行从右向左记录，为了特定目的还可采用其他特殊的顺序，如图 5－26 所示。图 5－27 所示为面状地物的栅格矩阵结构。

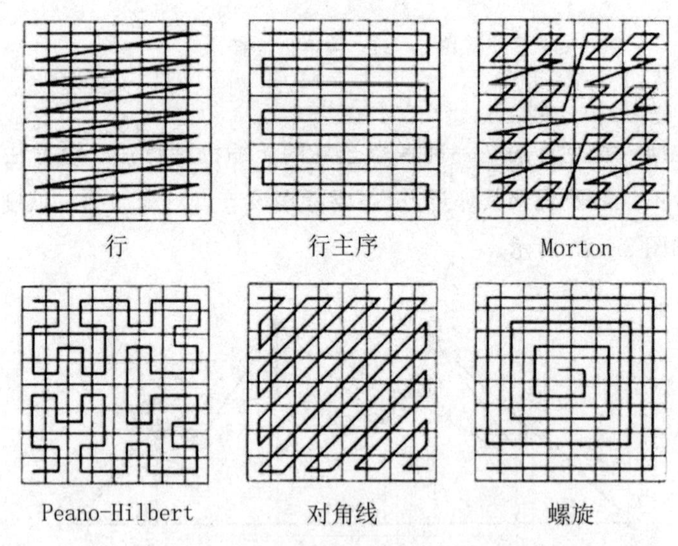


图 5－26　一些常用的栅格排列顺序

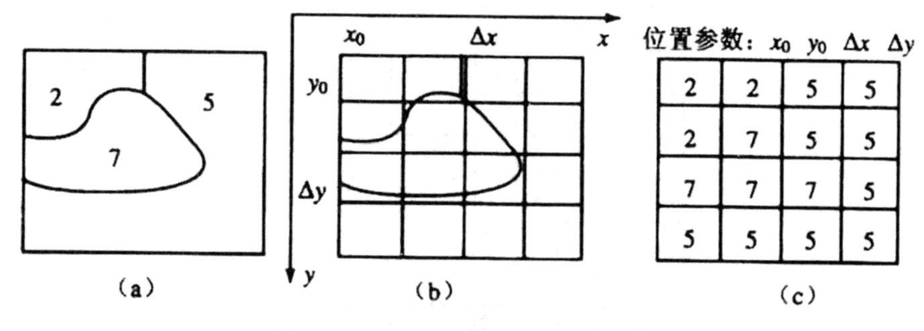


图 5－27　面状地物的栅格矩阵结构

在上述直接编码的栅格结构中，如果栅格矩阵是 m 行，n 列的，其中矩阵中的每个元素占用的存储容量是 c，则单个图层的全栅格数据所需的存储空间是 m(行)×n(列)×c。随着栅格分辨率的提高，存储空间将呈几何级数递增，一个图层或一幅图像将占据相当大的存储空间。因此，如何对栅格数据进行压缩是首先要解决的问题之一。

2.链式编码

链式编码主要是记录线状地物和面状地物的边界。它把线状地物和面状地物的边界表示为：由某一起始点开始并按某些基本方向确定的单位矢量链。基本方向可定义为：东＝0，东南＝1，南＝2，西南＝3，西＝4，西北＝5，北＝6，东北＝78 个基本方向，如图 5－28 所示。

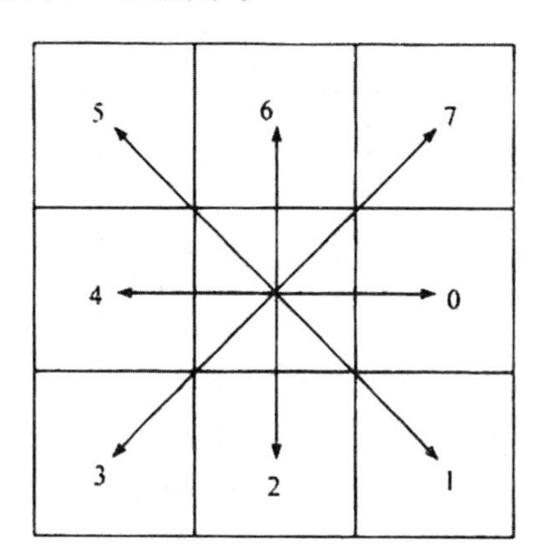


图 5－28　链式编码的方向代码

如果对于图 5－29 所示的线状地物确定其起始点为像元(1，5)，则其链式编码为：1，5，3，2，2，3，3，2，3。

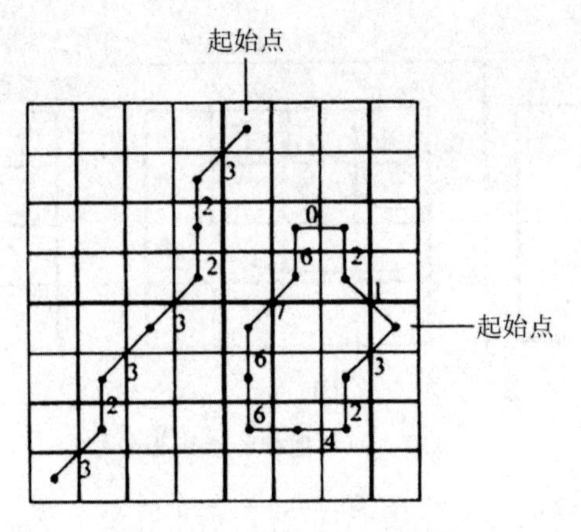


图 5－29　链式编码示意图

3.游程长度编码

游程长度编码是栅格数据压缩的重要编码方法，其编码只在各行（或列）数据的代码发生变化时依次记录该代码以及相同代码重复的个数，从而实现数据的压缩。

如对图 5－30 所示的栅格数据，可沿行方向进行如下游程长度编码：(9,4),(0,4),(9,3),(0,5),(0,1)(9,2),(0,1),(7,2),(0,2),(0,4),(7,2),(0,2),(0,4),(7,4),(0,4),(7,4),(0,4),(7,4),(0,4),(7,4)。

| 9 | 9 | 9 | 9 | 0 | 0 | 0 | 0 |
|---|---|---|---|---|---|---|---|
| 9 | 9 | 9 | 0 | 0 | 0 | 0 | 0 |
| 0 | 9 | 9 | 0 | 7 | 7 | 0 | 0 |
| 0 | 0 | 0 | 0 | 7 | 7 | 0 | 0 |
| 0 | 0 | 0 | 0 | 7 | 7 | 7 | 7 |
| 0 | 0 | 0 | 0 | 7 | 7 | 7 | 7 |
| 0 | 0 | 0 | 0 | 7 | 7 | 7 | 7 |
| 0 | 0 | 0 | 0 | 7 | 7 | 7 | 7 |

图 5－30　游程长度编码表示的原始栅格数据

4.块状编码

块状编码是游程长度编码扩展到二维的情况，采用方形区域作为记录单元，每个记录单元包括相邻的若干栅格，数据结构由四部分构成：初始位置行号、初始位置列号、块的覆盖半径和栅格单元的属性值，如图 5－31 所示。

| | | | | | |
|---|---|---|---|---|---|
| 9 | 9 | 9 | 9 | 0 | 0 |
| 9 | 9 | 9 | 9 | 0 | 0 |
| 0 | 9 | 9 | 7 | 7 | 7 |
| 0 | 0 | 0 | 0 | 7 | 7 |
| 0 | 0 | 0 | 0 | 7 | 7 |

(a)原始的栅格矩阵数据

| 块状编码记录单元 | |
|---|---|
| (1, 1, 2, 9) | (1, 3, 2, 9) |
| (1, 5, 2, 0) | (3, 1, 1, 0) |
| (3, 2, 1, 9) | (3, 3, 1, 9) |
| (3, 4, 1, 7) | (3, 5, 1, 7) |
| (3, 6, 1, 7) | (4, 1, 2, 0) |
| (4, 3, 2, 0) | (4, 5, 2, 7) |

(b)块状编码的记录单元

图 5—31　块状编码示意图

5.四叉树编码

四叉树编码结构的基本思想是将一幅栅格地图或图像等分为 4 个部分，逐块检查其网格属性值(或灰度)。

对图 5—30 进行四叉树编码如图 5—32 所示，4 个等分区称为 4 个子象限，按左上(NW)、右上(NE)、左下(SW)，右下(SE)，用树结构表示如图 5—33 所示。

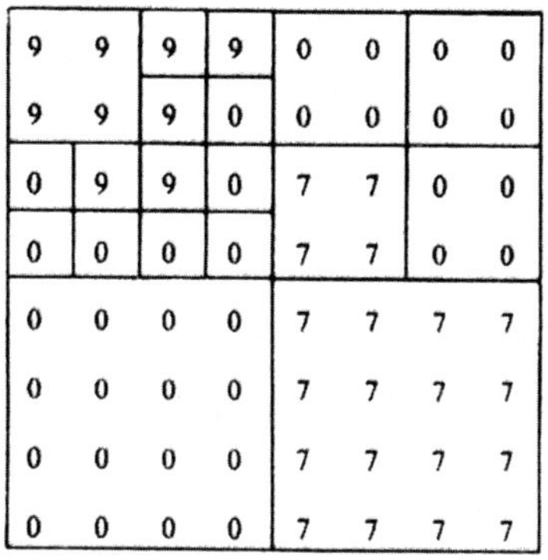

| | | | | | | | |
|---|---|---|---|---|---|---|---|
| 9 | 9 | 9 | 9 | 0 | 0 | 0 | 0 |
| 9 | 9 | 9 | 0 | 0 | 0 | 0 | 0 |
| 0 | 9 | 9 | 0 | 7 | 7 | 0 | 0 |
| 0 | 0 | 0 | 0 | 7 | 7 | 0 | 0 |
| 0 | 0 | 0 | 0 | 7 | 7 | 7 | 7 |
| 0 | 0 | 0 | 0 | 7 | 7 | 7 | 7 |
| 0 | 0 | 0 | 0 | 7 | 7 | 7 | 7 |
| 0 | 0 | 0 | 0 | 7 | 7 | 7 | 7 |

图 5—32　四叉树编码示意图

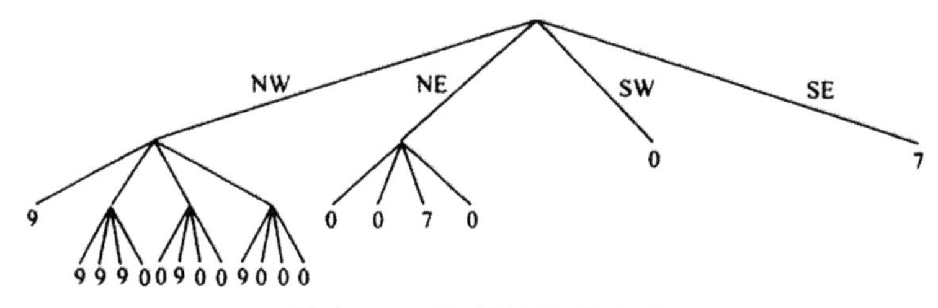


图 5—33　四叉树的树状表示

# 第五节 空间数据质量控制

## 一、空间数据质量的概念

GIS数据质量是指GIS中空间数据在表达空间位置、属性和时间特征时所能达到的准确性、一致性、完整性以及三者统一性的程度。

研究GIS数据质量是出于以下的主要原因。

①对二次数据源的依赖性增加。数据交换标准的发展和数据交换技术能力的提高，降低了二次数据源数据的获取成本及可获取性。但同时也带来了如何评判所获得的数据质量问题和可用性问题。

②在一些重大的、复杂的空间决策方面，数据质量决定决策结果的正确性。由于GIS在综合利用各类数据方面所表现的特长，使得不同测量日期、不同测量方法、不同空间分辨率、不同质量标准等数据很容易放在一个分析决策项目中使用。

③私营部门生产的数据量增多。历史上，地理空间数据的生产主要由政府机构完成，如美国地质调查局、英国陆地测量部、中国国家测绘地理信息局等。与政府机构不同的是，一些私营公司没有义务严格遵守众所周知的质量标准，这会造成GIS操作的数据质量不一致，不能集成和综合利用问题。

④按照GIS要求选择地理空间数据的情况增多。越来越多的用户根据GIS的要求来选择GIS数据，如果所选的数据达不到最低质量标准，就会产生负面影响，数据的提供者会因此面临法律问题。

## 二、GIS数据质量的一般指标

### 1.现势性

如数据的采集时间、数据的更新时间的有效性等。

### 2.逻辑一致性

逻辑一致性指数据库中没有存在明显的矛盾，如节点匹配、多边形的闭合、拓扑关系的正确性或一致性等。

3.完备(整)性

完备(整)性是指数据库对所描述的客观世界对象的遗漏误差,如数据分类的完备性、实体类型的完备性、属性数据的完备性、注记的完整性等。

4.精度

空间数据表达的精确程度或精细程度,包括位置精度、时间精度和属性精度。精细程度的另一个可替代名词是"分辨率",在GIS中经常使用这一概念。分辨率影响到一个数据库对某一具体应用的使用程度。采用分辨率的概念避免了把统计学中精度和观测误差概念的精度相互混淆。在GIS中,空间分辨率是有限的。

5.准确度

准确度用于定义地理实体位置、时间和属性的量测值与真值之间的接近程度。独立地定义位置、时间和属性表达的准确度,可能忽略它们之间存在的相互依赖关系,而存在局限性。尽管可以独立地定义时间、空间、属性的准确度,但由于时空变化的不可分割性,空间位置和属性变化之间的依赖性,这种定义实际上意义并不大。因此,准确度更多的是一个相对意义而非绝对意义。

## 三、空间数据的不确定性

空间数据的不确定性会给空间数据的分析和结果带来不利影响。准确理解空间数据不确定性概念和如何回避和降低数据的不确定性,是正确使用空间数据的基础。

1.空间数据不确定性的概念

GIS中处理自然和人为环境数据时,会产生空间数据多种形式的不确定性。不确定性是指在空间、时间和属性方面,所表现的某些特性不能被数据收集者或使用者准确确定的特性,如图形的边界位置、时间发生的准确时刻、空间数据的分类以及属性值的准确度量等模糊问题。

如果忽略空间数据的不确定性,那么即使在最好的情况下也会导致预测或建议的偏差。如果是最坏的情况,将会导致致命的误差。图5—33所示为空间数据不确定性的概念化模型。

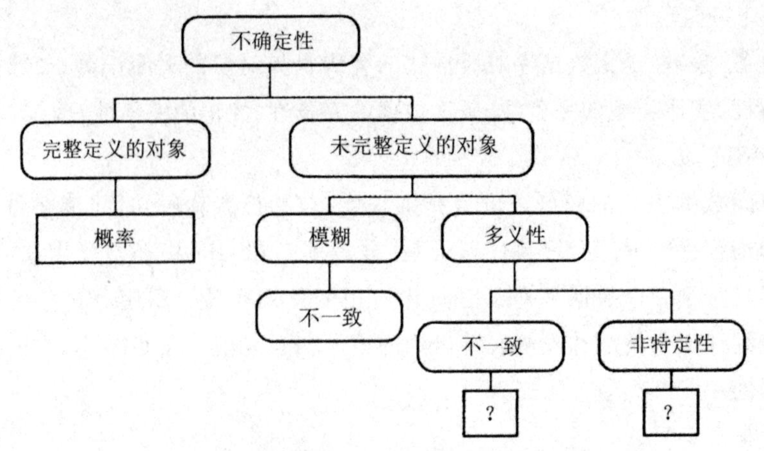


图 5－33　空间数据不确定性的概念化模型

不确定性最本质的问题在于如何定义被检验的对象类(如土壤)和单个对象(如土壤地图单元),即问题的定义。如果对象类和对象都能完整定义,则不确定性由误差产生,而且在本质上问题转化为概率问题。如果对象类和单个对象未能完整定义,则能识别不确定性的因素。如果对象类和单个对象未能完整定义,则类别或集合的定义是模糊的,利用模糊集合理论可以方便地处理这种情况。

如果对象类和对象是多义性的,即在定义区域内集合时相互混淆。这主要是由不一致的分类系统引起的,包括两种情况,一是对象类或个体定义是明确的,但同时属于两种或以上类别,从而引起不一致;另一种情况是指定一个对象属于某种类别的过程对解释是完全开放的,这个问题是“非特定性的”。

为了定义时空维度上对象不确定性的本质,必须考虑是否能在任一维度上将一对象从其他对象中清楚且明确地分离出来。在建立空间数据库时,必须弄清的两个问题:对象所属的类能否清楚地同其他类分离出来以及在同类中能否清楚地分离出对象个体。

2.完整定义地理对象的例子

在发达国家,人口地理学都有完整的定义,即使不发达国家在实施时有点模糊,但仍有完整的定义。国家的许多边界精确的区域通过特殊的限定,逐级合并形成严格的区域层次结构。

定义完整的地理对象基本上是由人类为了改造他们所占据的世界而创建的,在组织良好的政治、法律领域都存在。其他对象,如人工或自然环境中的对象,看上去似乎也是完整定义的,但这些定义倾向于一种测量方法和以烦琐精密的检查为基础，因此这样的完整定义是模糊的。

3.不完整定义地理对象的例子

由于植被制图中存在着不确定性，如从一片树林中完全准确地划分林种的范围是困难的。因此在实际划分时，可能需要根据各类林种所占的百分比来确定边界作为标准。

## 四、空间数据质量的控制

空间数据质量控制主要是针对其中可度量和可控制的质量指标而言的，从数据质量产生和扩散的所有过程和环节入手，分别采取一定的方法和措施来减少误差，以达到提高系统数据质量和应用水平的目的。

(一)空间数据质量控制的方法

1.传统的手工方法

质量控制的手工方法主要是将数字化数据与数据源进行比较，图形部分的检查采用与原图叠加比较，属性部分的检查采用与原属性逐个对比。

2.元数据方法

数据集的元数据中包含了大量的有关数据质量的信息，同时也记录了数据处理过程中质量的变化，通过跟踪元数据可以了解数据质量的状况和变化。

3.地理相关法

用空间数据的地理特征要素自身的相关性来分析数据的质量，需建立一个有关地理特征要素相关关系的知识库，以备各空间数据层之间地理特征要素的相关分析之用。

(二)空间数据生产过程中的质量控制

现以地图数字化生成空间数据过程为例，介绍数据质量控制的措施。

1.数据源的选择

对于大比例尺地图的数字化，应尽量采用最新的二底图，以保证资料的现势性和减少材料变形对数据质量的影响。

①数据源的误差范围不能大于系统对数据误差的允许范围。即进入数据库或经过分析后输出的数据误差不会超过系统对误差的允许范围。

②地图数据源最好采用最新的底图。

③尽可能减少数据处理的中间环节，如直接使用测量数据建库而不是将测量数据先制图。

2.数字化过程的数据质量控制

对于数字化过程的数据质量控制，主要从数据预处理、数字化设备的选用、数字化对点精度、数字化限差和数据精度检查等环节出发，减少数字化误差，提高工作效率。

①数据预处理主要包括对原始地图、表格等的整理、誊清或清绘。

②数字化设备的选用主要按手扶数字化仪、扫描仪等设备的分辨率和精度等有关参数进行挑选，这些参数应不低于设计的数据精度要求。

③数字化对点精度是指数字化时数据采集点与原始点重合的程度。

④数字化时各种最大限差规定为：曲线采点密度 2mm、图幅接边误差 0.2mm、线划接合距离 0.2mm、线划悬挂距离 0.7mm。

⑤数据精度检查。主要检查输出图与原始图之间的点位误差。

（三）空间数据处理分析中的质量控制

空间数据在计算机的处理分析过程中，会因为计算过程本身引入误差。

1.计算误差

在计算机按所需的精度存储和处理数据时，当数据有效位数较少时，反复的运算处理过程会使舍入误差积累，带来较大的误差。

2.数据转换误差

数据类型转换和数据格式转换时，GIS 数据处理中的常用操作都是通过一定的运算而实现的，因而会带来一定的误差。特别是矢量数据格式与栅格数据格式之间的转换，误差会因为栅格单元尺寸而受到很大影响。

3.拓扑叠加分析误差

叠加分析是 GIS 特有的重要空间分析手段。在对矢量数据的多边形进行叠加分析时，由于多边形的边界不可能完全重合，从而产生若干无意义的多边形，对这样无意义的多边形的处理，往往会因改变多边形的边界位置而引起误差，并可能由此进一步带来空间位置上地物属性的误差。

总之，空间数据的采集与处理工作是建立 GIS 的重要环节，了解 GIS 数字化数据的质量与不确定性特征，纠正数据质量产生和扩散的所有过程和环节产生的数据误差，对保证 GIS 分析应用的有效性具有重要意义。

# 第六章　地理空间数据查询与分析

## 第一节　空间数据查询

### 一、空间数据的查询过程

当地理信息系统中的空间数据库建立起来后，首要面临的问题即为空间数据的查询。所谓的空间数据的查询就是用户依据某些查询条件查询空间数据库中所存储的空间信息与属性信息的过程。

空间数据的查询过程可分为几种不同的形式，当空间数据库中所存储的空间数据及属性可以直接满足用户的查询的时候，即可将查询结果直接反馈；当用户查询的结果在某一个固定范围内的时候，可以根据一些逻辑运算完成限定约束条件下的查询；同时空间查询还可以完成一些更为复杂的查询条件，如建立空间模型预测某些事物的发生和发展，如图 6－1 所示。

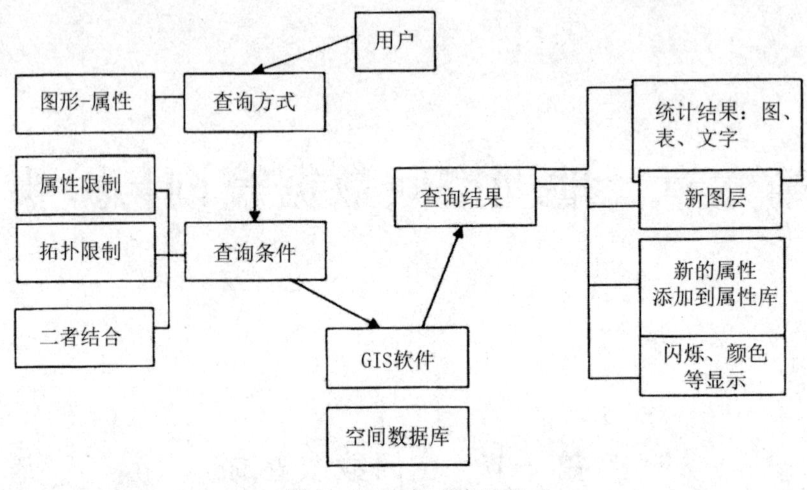


图 6－1　空间查询过程

## 二、空间数据查询的种类

### (一)属性查询

属性查询是根据属性约束条件,找出满足该属性约束条件的地理对象,包括实体的空间位置、形态数据及相关联的属性数据子集,然后通过 GIS 系统进行空间定位,形成一个新的专题。

1.查找

选择需要查询的属性表,给定一个属性值,或用户点击要查找的记录,对应的图形和属性记录以高亮显示。

具体操作:执行数据库查询语言或查询工具,找出满足条件的记录,得到其对应的目标标识,再通过目标标识在图形数据文件中找到对应的空间对象,并显示出来。

2.SQL 查询

Select 属性项;From 属性表;Where 条件;or 条件;and 条件。

实现:交互式选择各项,输入后,系统再转换为标准的 SQL,由数据库系统执行,得到结果,提取目标标识,在图形数据文件中找到空间对象,并显示出来。

SQL 查询多用于条件查询。

3.扩展 SQL 查询

空间数据查询语言是通过对标准 SQL 的扩展来形成的，即在数据库查询语言中加入空间关系查询，所以必须加入空间数据类型（点、线、面）和空间操作算子（长度、面积、叠加等），且给定的查询条件也要有空间概念（距离、邻近、叠加等）。

扩展 SQL 查询保留了 SQL 的风格，以便 SQL 的用户操作，通用性好，易于与关系数据库连接。但如果要把属性和空间关系统一起来，从最底层进行查询优化，利用扩展 SQL 来实现有一定困难，目前一般将两层分开查询。

（二）空间查询

1.图形查询

在 GIS 图形环境下，用户既可以根据分层编码查询图形数据，也可以根据属性特征查询相应的图形数据；或者按照一定区域范围查询图形数据，或者按照一定的逻辑条件查询相应的图形数据。

①几何参数查询。通过查询属性数据库或空间计算，查询点的位置坐标、两点间的距离、线地物的长度、面地物的长度或面积等。

②空间定位查询。给定矩形或任意多边形，查询该图形范围内的空间对象及其属性，如果给定一个点，可以通过点的捕捉查询其他最近的对象及属性。

空间定位查询还可以利用空间运算方法，根据空间索引，查询哪些对象可能包含或穿过矩形、圆、多边形查询窗口，然后根据点、线、面在查询窗口内的判别计算，检索出目标。

2.基于空间关系的查询

GIS 的空间关系查询就是查询与指定目标位置相关的空间目标，通常包括面—面关系查询、线—面关系查询、点—面关系查询、线—线关系查询、点—线关系查询、点—点关系查询。

GIS 对点、线、面地物空间关系的查询有相邻、相关、包含、穿越、落入、缓冲区、边沿匹配查询等。

①包含关系查询。包含关系查询是查询某个面状地物包含的空间对象，分为同层包含和不同层包含两种。

同层包含关系查询是通过先建立空间拓扑关系，然后直接查询空间拓扑关系来实现的，如广东省珠江三角洲下属市县的查询。

不同层包含关系查询实质是叠置分析查询，不需建立拓扑关系，通过多边形叠置分析，只查询出窗口范围内的地理实体，把窗口外的地理实体裁剪掉即可,如流经广东省的河流分布查询。

②穿越关系查询。例如,107国道穿越广东省的哪些县的查询,则采用空间运算方法实现:根据线目标的空间坐标,计算哪些面或线与之相交。

落入关系查询:利用空间运算法,查询一个空间对象落入哪个空间对象内。

缓冲区查询:根据用户给定的点、线、面缓冲区距离,形成一个缓冲区的多边形,再根据多边形查询原理,查询出该缓冲区内的空间实体。

边沿匹配查询:多幅地图、专题图的数据文件间进行空间查询时,必须先用边沿匹配处理技术把多幅地图或专题图匹配、镶嵌完,再通过空间运算进行查询。

## 第二节　空间统计分析

地理统计分析弥补了地理空间统计和GIS缝隙。地理统计方法有时是有效的,但从来没有和GIS建模环境紧密集成。将二者进行集成是重要的,因为GIS专业人员可以在集成环境中通过测量预测表面的统计误差来量化表面模型的质量。通过地理统计分析方法拟合表面包括以下3个关键的步骤。

①探索性空间数据分析。

②结构分析(邻近位置特性的表面建模和计算)。

③表面预测和结果评价。

### 一、空间统计分析原理

地理统计分析利用在现实世界中不同位置的采样点产生(插值)一个连续表面。采样点是一些现象的测量值,如核电厂的辐射泄漏、石油泄漏、地形高程等。地理空间统计分析使用测量位置的插值产生一个表面,用于预测现实世界中每个位置的值。

空间统计分析提供的插值方法分为两种:确定性插值算法和地理空间统计方法。这两种方法都是依靠邻近采样点的相似性插值产生表面模型的。确定性插值方法是用数学函数进行插值计算,地理空间统计方法依靠统计和数学方法插值产生表面模型,并评估预测的不确定性。

产生一个连续表面用于表达一个特定的属性,是大多数GIS需要的一个关键能力。或许最常用的表面模型是地形的数字高程模型(DEM),这些数据集在世界各地的小尺度上是容易用到的。但这只是地表位置的一些测量值,地表以下或大气一些位置的测量值也可以用于产生连续表面。大多数GIS建模者面对的最大挑战是从现有的采样数据产生尽可能精确的表面,并能描述误差和预测表面的变化。新产生的表面被用于GIS的建模和分析,以及三维可视化。理解这些数据的质量,可以极大地改善GIS建模的目的和用途。

## 二、探索性空间统计分析方法

探索性空间数据分析(Exploratory Spatial Data Analysis,ESDA)允许用不同的方式检查数据特性。在产生一个表面数据之前,ESDA有机会使你对要调查的现象有更深刻的理解,以便对数据处理做出更好的决策。ESDA提供了一组方法,每种方法提供了观察数据的一个视图,从不同的角度和处理方法来揭示数据的特性。ESDA是使用图形的方式探查数据的,主要的图形方法有直方图、Voronoi图、QQ图、趋势分析、半变异函数图或协方差图、交叉协方差图等。这里仅介绍直方图和QQ图的方法。

1.数据的分布性和变换

如果数据是近似正态分布(钟形曲线),则一些克里格算法的结果会很好,如概率密度函数的形状,如图6－2所示。泛克里格方法假定数据服从多元正态分布。分位数和概率图是最常用的简单描述数据分布的。

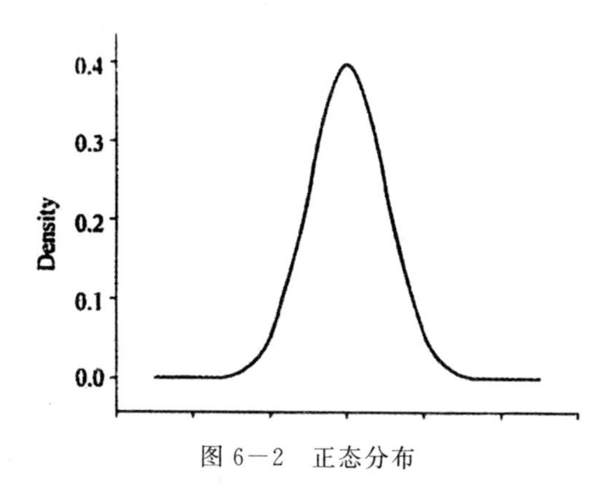


图6－2　正态分布

克里格方法还有一个假设前提是平稳性,即所有的数据值的分布具有相同的变化性。变换可以使数据转化为正态分布,并满足数据均等变化的假设条件。直方图和QQ图可以使用不同的变换,如Bo－Cox变换、对数变换和反正弦变换等。

2.直方图探查数据的分布

直方图用单变量(一个变量)探查数据的分布,用于探查感兴趣的数据集的频率分布和计算汇总统计。频率分布是一个条形图,显示观测值落入一定范围或类的频数或频率。

3.正态 QQ 图和普通 QQ 图探查数据分布

QQ 图是一种图形,来自两个分布的分位数按照彼此相对应的位置绘制。正态 QQ 图如图 6－3 所示。

数据的累积分布通过对数据的排序产生,以排序值和累积分布值为坐标轴进行绘图。累积分布值的计算是:(i—0.5)/n,i 是 n 中的第 i 个,n 是数据值的总个数。正态 QQ 图使用的数据服从正态分布,它们的累积分布是相等的。

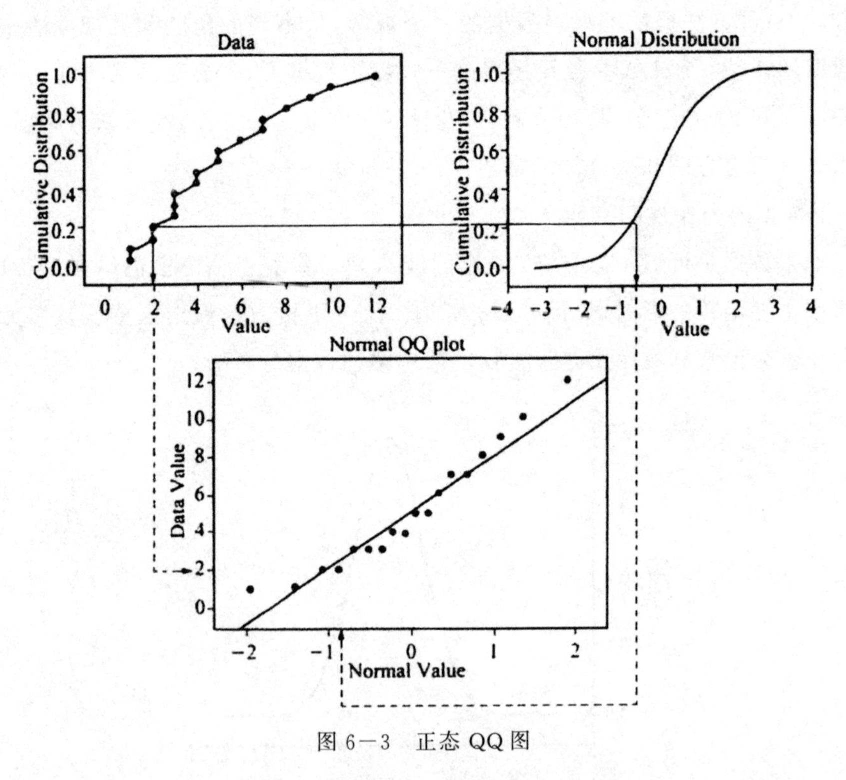


图 6－3　正态 QQ 图

对于累积分布,中位数将数据分割为两半,分位数将数据分为 4 部分,十分位数将数据分为 10 部分,百分位数将数据分割为 100 部分。

普通 QQ 图如图 6－4 所示,用于评价两个数据集的相似性。由两个数据集的分布数据绘制,它们的累积分布是相等的。

利用QQ图分析数据的分布：如果两个数据的分布相同，普通QQ图将是一条直线。将这条直线与提供单变量正态指示的正态QQ图上的点进行比较，如果数据集不是正态分布的，则这些点会偏离直线，如图6—5所示。QQ图绘制的数据如图6—6所示，图中右上角的一些点远离正态分布。

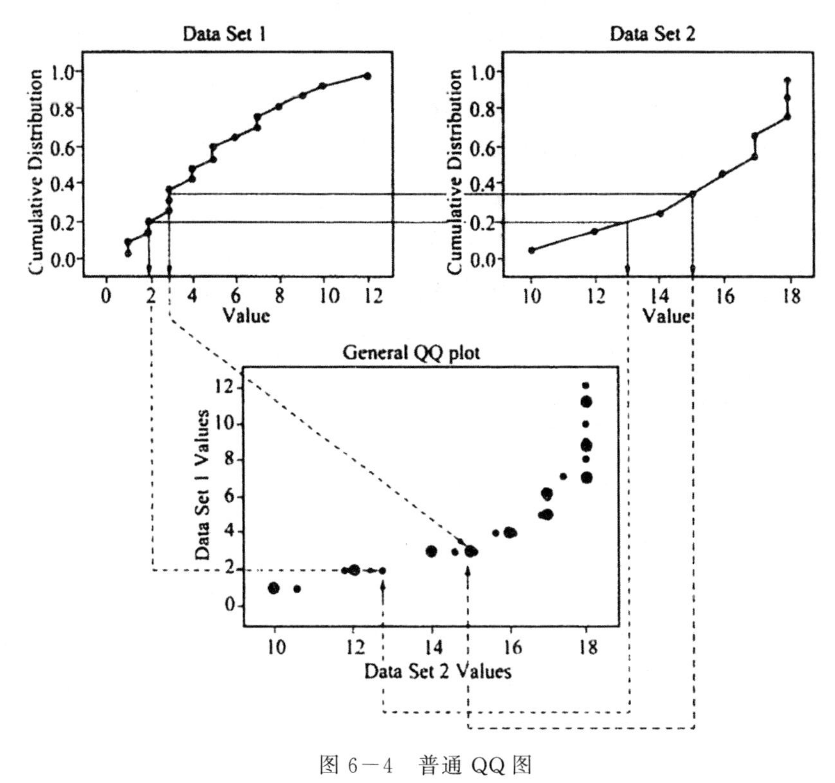


图6—4　普通QQ图

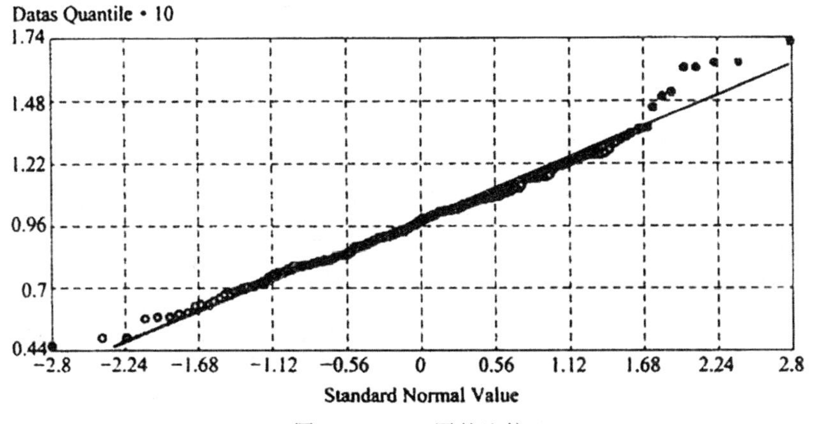


图6—5　QQ图的比较

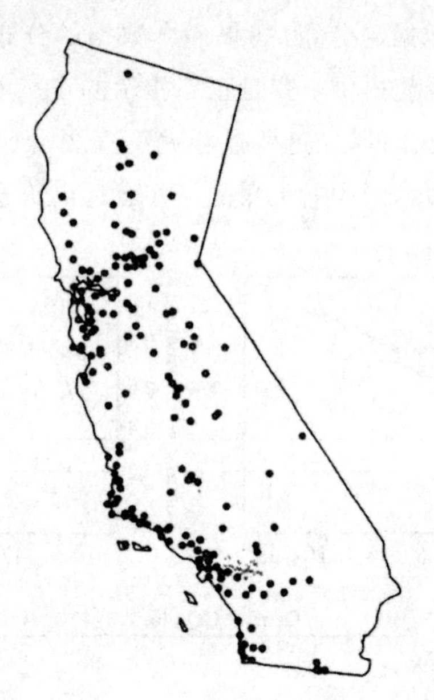

图 6－6　QQ 图绘制的数据

探索性空间数据分析主要应用于：

①探查空间自相关和方向变化；

②寻找全局和局部异常值。异常值是数据中的极值，远大于均值或中值；

③数据变化趋势分析。以数据点某个属性的最大值为高度，绘制在三维空间中。然后将它们分别投影到 XZ 或 YZ 平面，拟合模型曲线。通过曲线分析值的变化趋势。

## 第三节　空间叠加分析

在实际应用中，经常会遇到以下类似问题。

①某市准备对中心城区的繁华路段进行道路扩建，需要对道路沿线特定范围内的建筑物进行拆除，应当如何计算和评估工程预算？

②某市需要进行生态保护线的划定，如何根据生态指标的相关因素，确定生态保护线？

③某房地产企业计划新建大型商场，如何根据人口、交通、区位等因素进行选址？

要解决上述问题，就需要综合考虑交通、居民地、人口、植被等多种要素的影响，可以利用叠加分析方法，快速生成科学合理的解决方案。

## 一、叠加分析的特点

叠加分析的特点如下。

①生成新的空间关系。例如，叠加2011年和2017年两个时期的土地利用图，提取土地利用性质不变的地块，生成新的要素层，从而在新要素层中，构建不同地块新的空间关系。

②通过联合不同数据的属性，产生新的属性关系。例如，将地貌图（如平原、丘陵、盆地、山地等）与土壤图（如黄壤、红壤、赤红壤、黑土）相叠加，结合属性信息，获得新的属性关系，如平原上的黄壤分布，山地上的红壤分布等。

③利用数学模型，综合计算新要素的属性信息，得到某种综合结果。例如，评价土地的适宜性时，土壤、植被、交通、居民地等图层各有一个独立的评价值，各图层叠加后，利用相应的数学模型，能够得到土地适宜性综合评价结果。

## 二、基于矢量的叠加分析

### （一）根据输入数据的类型进行分类

根据输入数据的类型，叠加分析可以分为多边形的叠加分析、点与多边形的叠加分析、线与多边形的叠加分析3类，如图6－7所示。

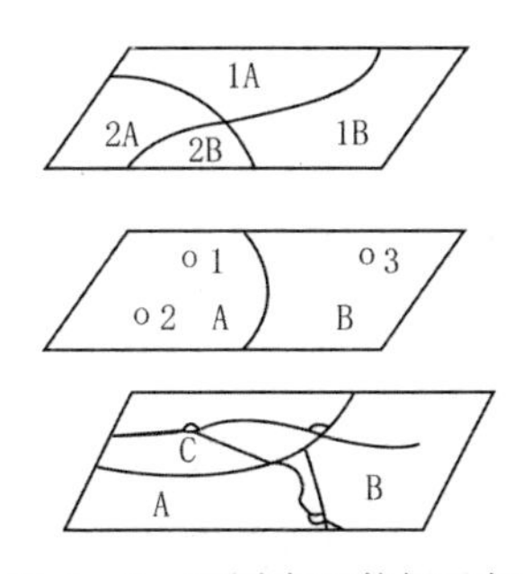


图6－7　不同类型数据叠加

#### 1.多边形的叠加分析

多边形的叠加分析是指将两个图层中的多边形要素叠加，生成新的多边形要素图层，同时将原图层的所有属性信息赋给新要素图层，以满足建立分析模型的需要。

如图6－8所示，土壤分布图和行政区边界图中要素均为多边形，两者叠加能够生成不同行政区的土壤分布图。观察叠加结果可以发现，新图层中的要素既包含行政区属性信息又包含土壤属性信息。

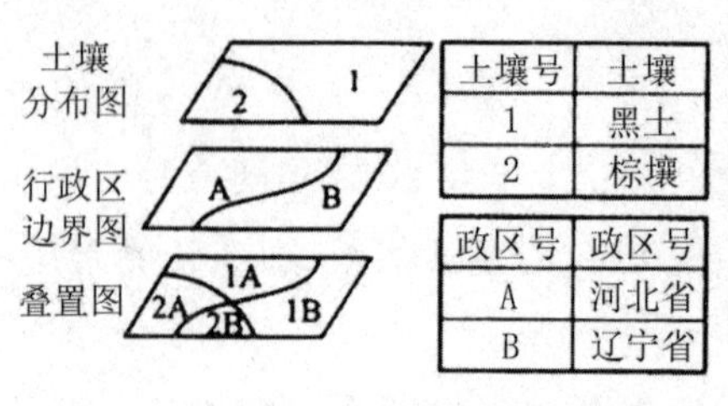


| 土壤号 | 土壤 |
|---|---|
| 1 | 黑土 |
| 2 | 棕壤 |

| 政区号 | 政区号 |
|---|---|
| A | 河北省 |
| B | 辽宁省 |

| 土壤号 | 政区号 | 土壤号 | 政区号 |
|---|---|---|---|
| 1 | A | 黑土 | 河北省 |
| 1 | B | 黑土 | 辽宁省 |
| 2 | A | 棕壤 | 河北省 |
| 2 | B | 棕壤 | 辽宁省 |

图 6—8　图层叠加与属性叠加

通过多边形的叠加分析，不仅可以获得要素的公共部分，还可以获得要素的差异部分。多边形叠加操作可以分为并操作、交操作、擦除操作和裁剪操作等，如图 6—9 所示。

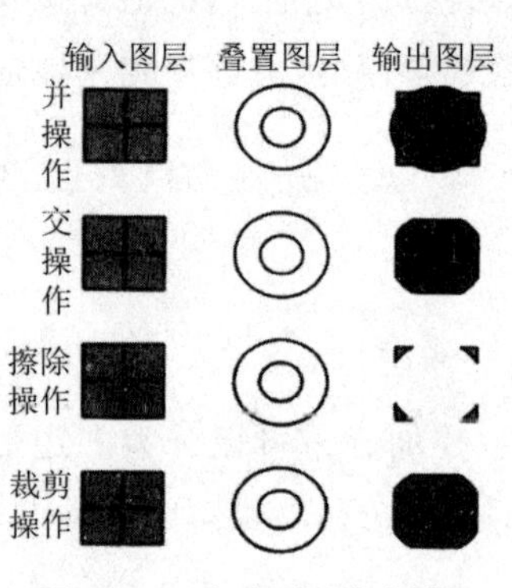


图 6—9　多边形叠加操作

图 6—10 所示为并操作，是输出两个图层中所有图形要素和属性数据。例如，建筑物扩建，如果需要获得新建筑物的范围，可以对新增的范围和旧建筑物的范围进行并操作。

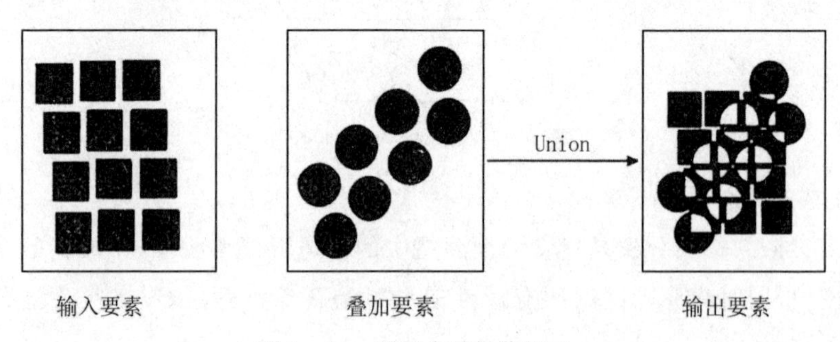


图 6—10　图层合并操作图示

图 6－11 所示为交操作，是输出两个图层中的公共部分。例如，进行土地利用类型变化分析，提取没有发生变化的土地类型，可以使用交操作。

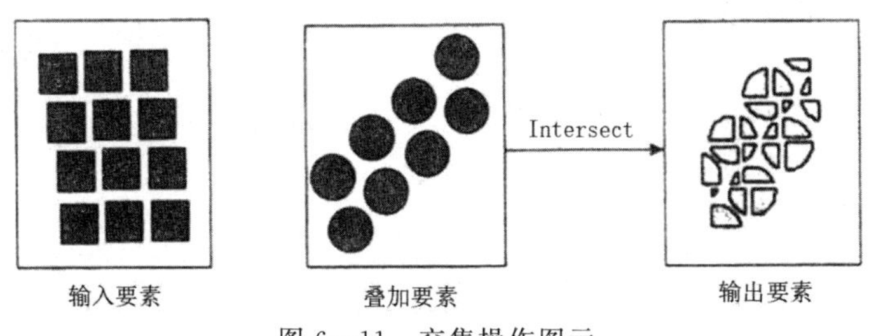


图 6－11　交集操作图示

图 6－12 所示为擦除操作，是以叠加图层为控制边界，输出输入图层中控制边界范围外的所有部分。

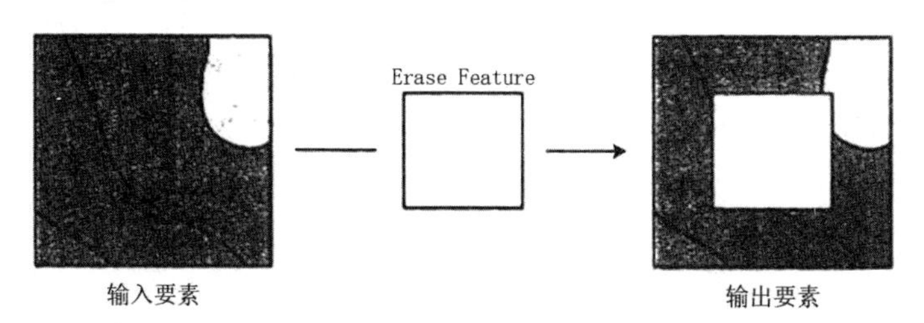


图 6－12　图层擦除操作图示

图 6－13～图 6－15 为裁剪操作，是以叠加图层为控制边界，输出输入图层中控制边界范围内的所有部分。裁剪操作与擦除操作的输出结果正好相反。例如，输入图层为耕地分布图，而叠加图层为耕地中的新建居民地分布图，如果需要统计未被侵占的耕地面积，需要使用擦除操作；而如果需要统计被居民地所侵占的耕地面积，应当使用裁剪操作。

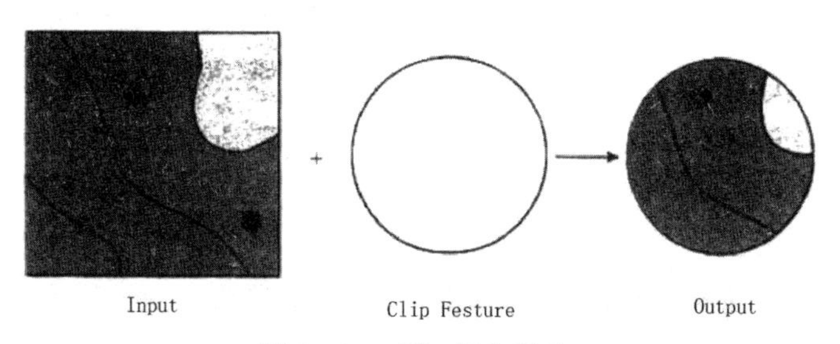


图 6－13　Clip 操作图示

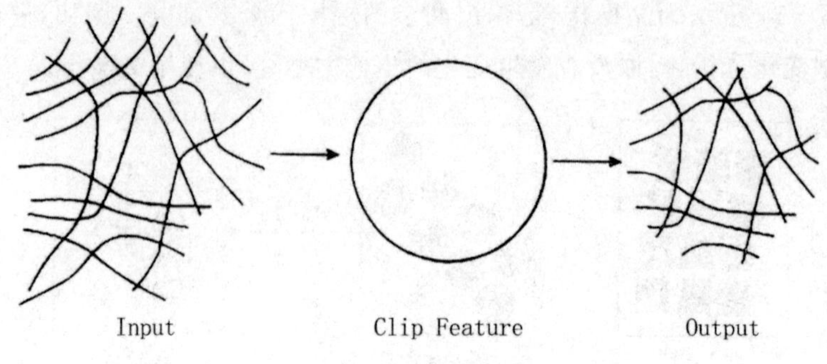


图 6－14　线要素裁切

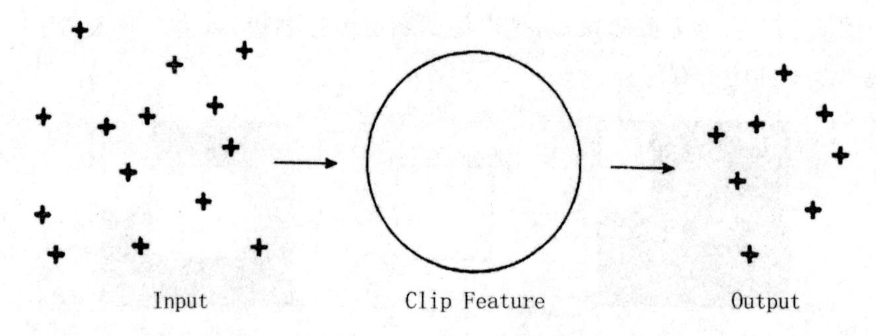


图 6－15　点要素裁切

2.点与多边形的叠加分析

点与多边形的叠加分析实质是通过计算包含关系，判断点的归属，其结果是为每个单点添加新的属性。

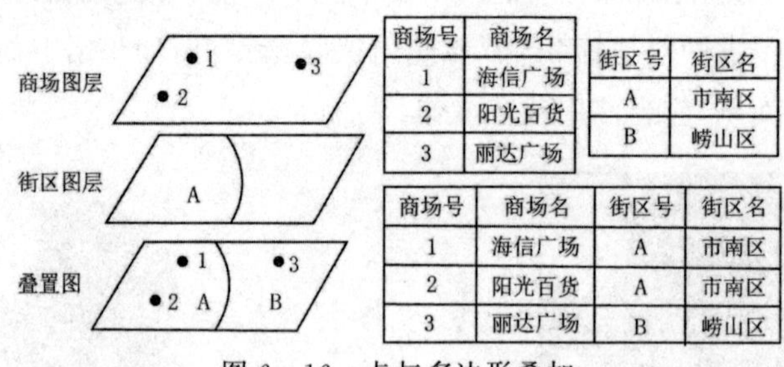


| 商场号 | 商场名 |
|---|---|
| 1 | 海信广场 |
| 2 | 阳光百货 |
| 3 | 丽达广场 |

| 街区号 | 街区名 |
|---|---|
| A | 市南区 |
| B | 崂山区 |

| 商场号 | 商场名 | 街区号 | 街区名 |
|---|---|---|---|
| 1 | 海信广场 | A | 市南区 |
| 2 | 阳光百货 | A | 市南区 |
| 3 | 丽达广场 | B | 崂山区 |

图 6－16　点与多边形叠加

如图 6－16 所示，现有商场分布的点数据，需要判断商场所属街区，可以将商场的点图层与街区的面图层进行叠加。结果是在商场的属性表中，添加了所属街区的“街区号”和“街区名”等信息。

3.线与多边形的叠加分析

线与多边形的叠加分析实质是将多边形面要素层与线要素层叠加，确定每条线段（全部或部分）所属的多边形。在叠加分析过程中，一条线段可能会被面要素层切割成多条弧段，叠加后的每个弧段将产生新的属性。

例如，长江流经青海、西藏、四川、安徽、江苏、上海等省级行政区。如果将河流图和行政区划图叠加，长江将被区划边界分成不同的部分，每一部分将添加所属省份的相关属性信息，如图 6－17 所示。

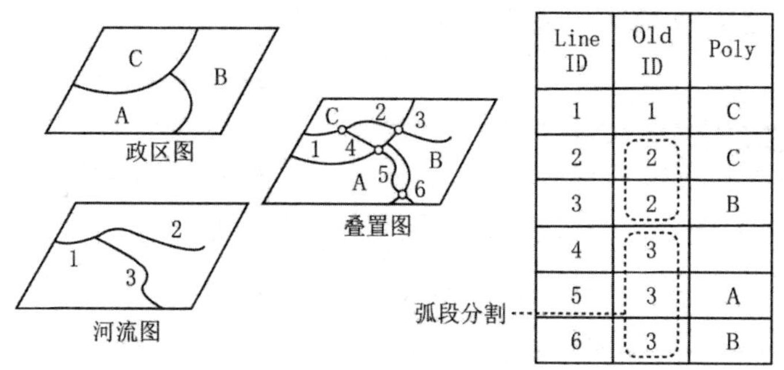


| Line ID | Old ID | Poly |
|---|---|---|
| 1 | 1 | C |
| 2 | 2 | C |
| 3 | 2 | B |
| 4 | 3 | |
| 5 | 3 | A |
| 6 | 3 | B |

图 6－17　线与多边形叠加

（二）根据输出结果进行分类

根据输出结果的不同，叠加分析可以分为合成叠加分析和统计叠加分析，如图 6－18 所示。

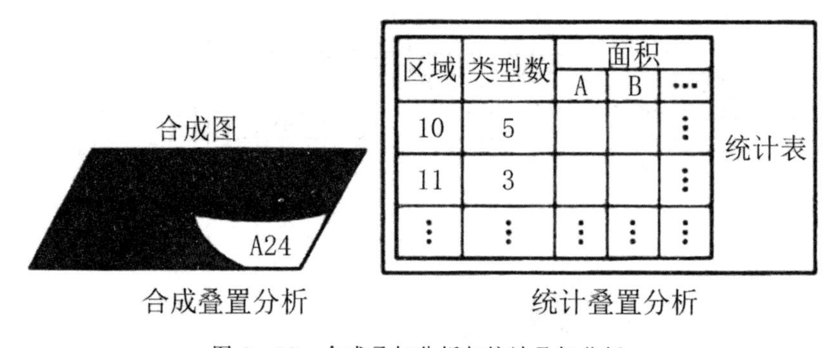


| 区域 | 类型数 | 面积 | | |
|---|---|---|---|---|
| | | A | B | … |
| 10 | 5 | | | ⋮ |
| 11 | 3 | | | ⋮ |
| ⋮ | ⋮ | ⋮ | ⋮ | ⋮ |

图 6－18　合成叠加分析与统计叠加分析

合成叠加分析生成包含众多新要素的图层，而图层中的每个要素都具有两种以上的属性。通过合成叠加分析，能够查找同时具有多种地理属性的分布区域。例如，通过土壤图层与地貌图层的叠加分析，新生成的任意斑块都同时具有土壤类型和地貌类型的相关信息。

统计叠加分析生成统计报表，其目的是统计要素在另一要素中的分布特征。例如，将快餐店分布图与市级行政区划图进行统计叠加分析，能够获得市域内的快餐店数量。

（三）叠加分析的实现

以多边形的叠加分析为例，叠加分析主要包括以下 3 个步骤。

1.提取多边形的边界

将所有边界线段在与另一图层段相交的位置处打断。如图 6－19 所示，两个分别包含一个多边形的图层，在叠加后生成两个新的交点，将原来的弧段在点 3 和点 4 处打断，从而生成叠加图。

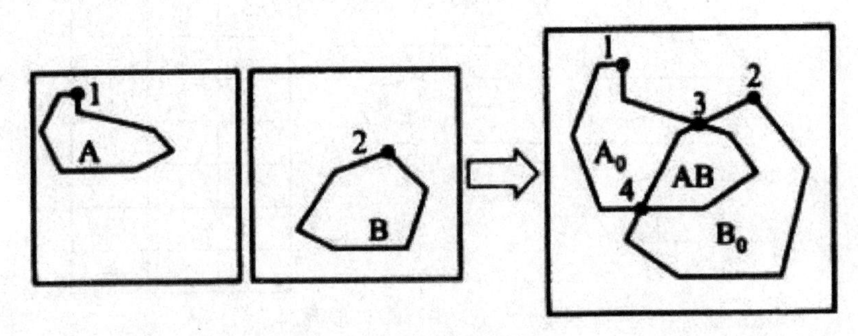


图 6－19　图层叠加交点

2.重新建立弧段—多边形的拓扑关系

记录每个多边形所对应的弧段，同时记录每个弧段的起点、终点、左多边形和右多边形等信息，如图 6－20 所示。

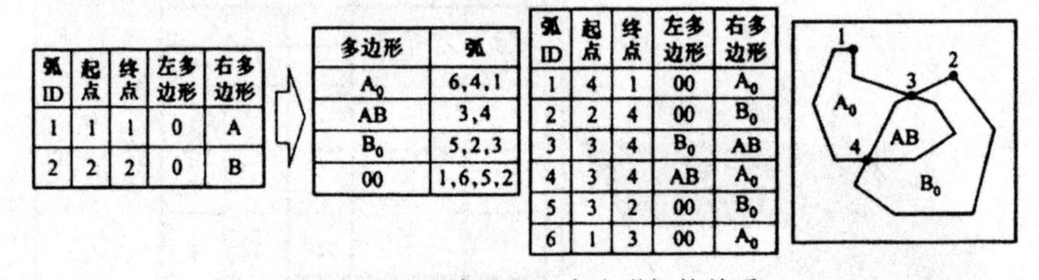

| 弧ID | 起点 | 终点 | 左多边形 | 右多边形 |
|---|---|---|---|---|
| 1 | 1 | 1 | 0 | A |
| 2 | 2 | 2 | 0 | B |

| 多边形 | 弧 |
|---|---|
| $A_0$ | 6,4,1 |
| AB | 3,4 |
| $B_0$ | 5,2,3 |
| 00 | 1,6,5,2 |

| 弧ID | 起点 | 终点 | 左多边形 | 右多边形 |
|---|---|---|---|---|
| 1 | 4 | 1 | 00 | $A_0$ |
| 2 | 2 | 4 | 00 | $B_0$ |
| 3 | 3 | 4 | $B_0$ | AB |
| 4 | 3 | 4 | AB | $A_0$ |
| 5 | 3 | 2 | 00 | $B_0$ |
| 6 | 1 | 3 | 00 | $A_0$ |



图 6－20　重建弧段—多边形拓扑关系

3.设置多边形的标识点，传递属性

在叠加过程中，可能会产生冗余多边形，如图 6－21 所示。冗余多边形往往面积较小且无实际意义。需要根据预先设定值，对叠加分析所生成的多边形进行筛选，并对所选取的多边形，设置标志点，赋予相应的属性值。

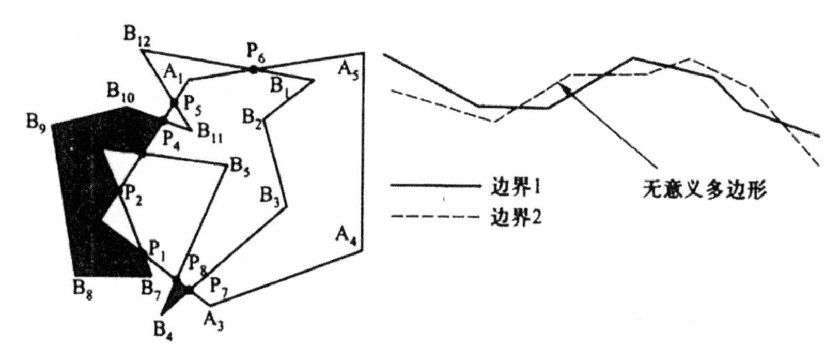


图 6－21 删除冗余多边形

## 三、栅格数据空间叠加分析

基于栅格数据叠加分析的特点是参与叠加分析的空间数据为栅格数据结构。栅格叠加分析的条件是要具备两个或多个同一地区相同行列数的栅格数据，要求栅格数据具有相同的栅格大小。对不同图层间相对应的栅格进行运算，其叠加分析的结果是生成新的栅格图层，产生新的空间信息。栅格叠加分析又称为“地图代数”，其原理如图 6－22 所示。

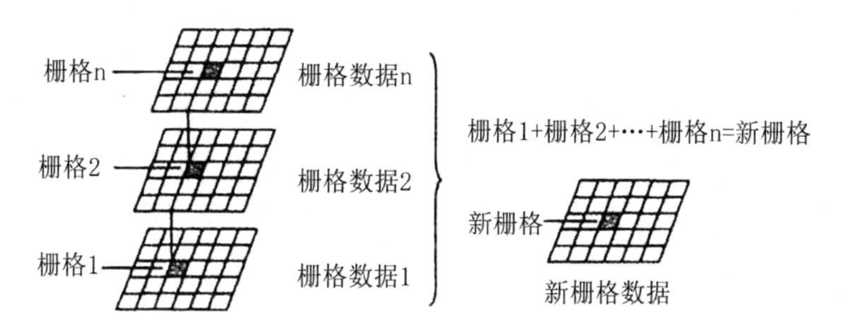


图 6－22 栅格叠加分析原理图

### （一）栅格数据结构

栅格数据有 3 种常用的结构：逐像元编码、游程编码和四叉树。

#### 1.逐像元编码法

逐像元编码法（Cell－by－cell Encoding）提供了最简单的数据结构。栅格模型被存为矩阵，其像元值写成一个行列式文件。此方法在像元水平的情况下起作用，若栅格的像元值连续变化的话，本方法是理想的选择。

#### 2.游程编码

游程编码（Run－length Encoding）适用于栅格数据模型的像元值具有许多

重复值的情况。它是以行和组来记录像元值的，每一个组代表拥有相同像元值的相邻像元。

3.四叉树

四叉树(Quad Tree)不再每次对栅格按行进行处理，而是用递归分解法将栅格分成具有层次的象限。

由于栅格数据结构相对简单，其空间数据的叠合和组合操作十分容易和方便，因此基于栅格数据的空间分析较容易实现。但是，栅格数据也存在着数据量较大、冗余度高、定位精度比矢量数据低、拓扑关系难以表达且投影转换比较复杂等问题。

栅格叠加分析是指两个或者两个以上的栅格数据以某种数学函数关系作为叠加分析的依据进行逐网格运算，从而得到新的栅格数据的过程。

(二)栅格叠加分析的方法

常用的栅格叠加分析方法包括点变换方法、区域变换方法和邻域变换方法。

1.点变换方法

点变换方法只对各图上相应的点的属性值进行运算。实际上，点变换方式假定独立图元的变换不受其邻近点的属性值的影响，也不受区域内一般特征的影响。

点变换方法是栅格叠加分析的核心方法，它是栅格的运算操作，可对单个栅格图层数据进行加、减、乘、除、指数、对数等各种运算，也可对多个栅格图层进行加、减、乘、除、指数、对数等运算。运算得到的新属性值可能与原图层的属性值意义完全不同。

2.区域变换方法

区域变换是指计算新图层相应栅格的属性值时，不仅要考虑原来图层上对应的栅格的属性值，而且要顾及原图层栅格所在区域的几何特征(区域长度、面积、周长、形状等)或原图层同名栅格的个数。

3.邻域变换方法

邻域变换是在计算新层图元值时，不仅考虑原始图层上相应图元本身的值，而且还要考虑与该图元有邻域关联的其他图元值的影响。常见的邻域有方形、圆形、环形、扇形等，如图 6—23 所示。

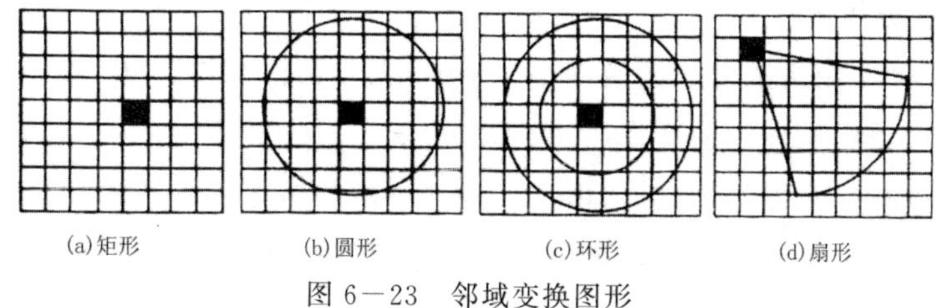


图 6—23　邻域变换图形

以上基于栅格数据的叠加分析，讨论了 3 种主要的变换，在实际应用中可以通过交互运算，满足不同的空间分析需求。举个例子，现有两个不同时期河道水下地形的栅格 DEM 数据，将两个不同时期的栅格 DEM 数据进行叠加分析，则可得到河道水下地形在不同时期的冲淤变化情况。

## 四、叠加分析的应用

叠加分析在土地利用变化分析、土地适宜性评价、工程选址分析等方面均具有广泛应用。以商城选址为例，介绍叠加分析的具体应用流程。

1.分析影响因素，获取相关数据

如图 6—24 所示，某房地产企业计划新建大型商场。首先，考虑新建商场的影响范围应尽量避免与已有商场的影响范围重叠，需要获取已有商城影响范围的数据。其次，考虑新建商场应当建在便捷的交通网附近，需要获取主要交通线路影响范围的数据。再次，考虑新建商场应当具备大量的购物群体，需要获取居民区影响范围的数据。最后，新建商城附近需要具有便捷的停车环境，需要获取停车场影响范围的数据。

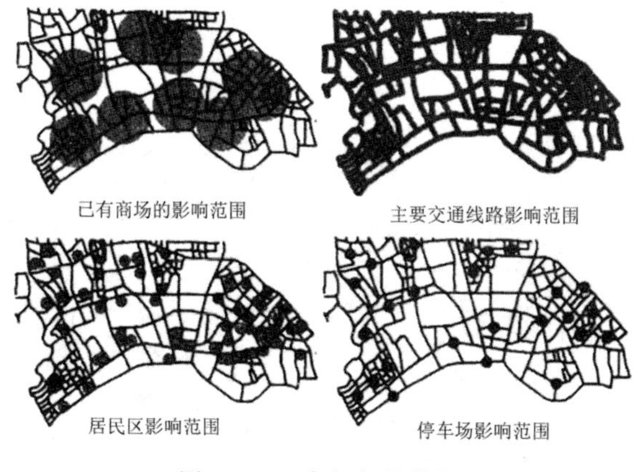


图 6—24　商场相关数据

2.叠加分析

首先,由于商场的候选区域应当在交通线、居民区和停车场的影响范围内,则对交通线路影响范围的数据层、居民区影响范围的数据层和停车场影响范围的数据层进行“交”操作。其次,由于新建商场的影响范围应当避免与原有商场的影响范围发生重叠,因此,需要将“交”操作所获得的结果图层与原有商场影响范围的数据层进行“擦除”操作,从而获得符合条件的区域,即为候选区域,如图 6—25 所示。

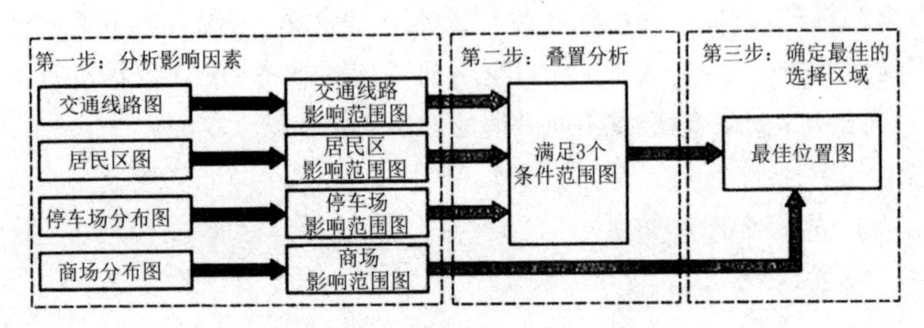

图 6—25　叠加分析

3.确定最佳的选择区域

由于通过前两步分析计算,所获得满足条件的地址往往不只一处,因此还需要综合考虑其他影响因素,在候选区域中选定新建商场的地址。

## 第四节　缓冲区分析

### 一、缓冲区的类型

1.点的缓冲区

基于点要素的缓冲区,通常是以点为圆心,以一定距离为半径的圆,如图 6—26 所示。

图 6—26　点缓冲区

2.线的缓冲区

基于线要素的缓冲区，通常是以线为中心轴线，距中心轴线一定距离的平行条带多边形，如图 6－27 所示。

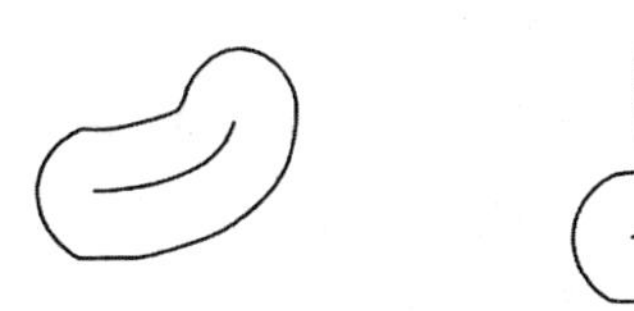

图 6－27 线缓冲区

3.面的缓冲区

基于面要素多边形边界的缓冲区，向外或向内扩展一定距离以生成新的多边形，如图 6－28 所示。

图 6－28 面缓冲区

4.多重缓冲区

在建立缓冲区时，缓冲区的宽度也就是邻域的半径并不一定是相同的，可以根据要素的不同属性特征，规定不同的邻域半径，以形成可变宽度的缓冲区。例如，沿河流绘出的环境敏感区的宽度应根据河流的类型而定。这样就可根据河流属性表，确定不同类型的河流所对应的缓冲区宽度，以产生所需的缓冲区，如图 6－29 所示。

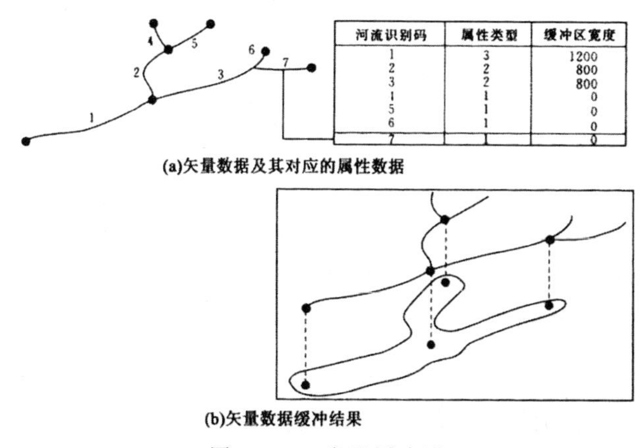

| 河流识别码 | 属性类型 | 缓冲区宽度 |
|---|---|---|
| 1 | 3 | 1200 |
| 2 | 2 | 800 |
| 3 | 2 | 800 |
| 4 | 1 | 0 |
| 5 | 1 | 0 |
| 6 | 1 | 0 |
| 7 | 1 | 0 |

(a)矢量数据及其对应的属性数据

(b)矢量数据缓冲结果

图 6－29 多重缓冲区

缓冲区分析还可以考虑权重因素，建立非对称缓冲区。例如，污染物的扩散存在方向性，在空间上通常是不均匀的，某些方向（如顺风方向）扩散较远，其他方向扩散不远，于是可以建立污染源周围的非对称缓冲区。与此相反，不考虑权重因素的缓冲区分析则称为对称缓冲区。

缓冲区分析是城市地理信息系统的重要空间分析功能之一，它在城市规划和管理中有着广泛的应用。例如，假定公园选址要求靠近河流湖泊，或者垃圾场的选址要求在城市范围一定距离之外等，都需要依靠缓冲区分析。

## 二、栅格缓冲区的建立方法

缓冲区分析算法包括栅格方法和矢量方法。栅格方法又称为点阵法，它通过像元矩阵的变换，得到扩张的像元块，即原目标的缓冲区。

栅格方法原理简单，但精度较低，而且内存开销较大，难以实现大数据量的缓冲区分析。由于栅格方法计算简单，许多 GIS 软件首先将矢量数据转化为栅格数据，利用栅格方法建立缓冲区，然后再提取缓冲区边界为矢量数据。但这种矢量—栅格—矢量的多次转换不利于数据精度的保持。

## 三、矢量缓冲区的建立方法概述

矢量缓冲区常见的有角平分法和叠加算法。角平分法由三步组成，即逐个线段计算简单平行线，尖角光滑矫正和自相交处理。尖角光滑矫正除角平分线法之外，还可采取圆弧法，但矫正过程都很复杂，难以完备地实现。叠加方法分两步完成。首先求出点、线段等基本元素的缓冲区，然后通过对基本元素缓冲区的叠加运算，求解折线、面边界等复杂目标的缓冲区。下面简单介绍缓冲区建立的叠加算法。

前面提到，空间实体可分为点、线、面三类。在叠加方法中，线段的缓冲区被作为一种基本的缓冲区，称为基元，它是两个半圆（在线段的两端）和一个矩形（线段中部）的并集，形如胶囊。它由两个半圆弧和连接两个半圆弧的两条平行线共同构成。半圆的直径与矩形的高度都等于缓冲区的宽度。而单点看作是线段的特例（长度为 0）。单点缓冲区的形状由胶囊状退化为圆形，是一个以该点为圆心的圆面，圆的直径等于缓冲区的宽度。

通过基元叠加方法，可以合并基元而构造出各种复杂的缓冲区，包括折线和面的缓冲区，如图 6—30 所示。

基元叠加方法包括两个基本步骤，首先是基元的生成，然后是基元的合并。

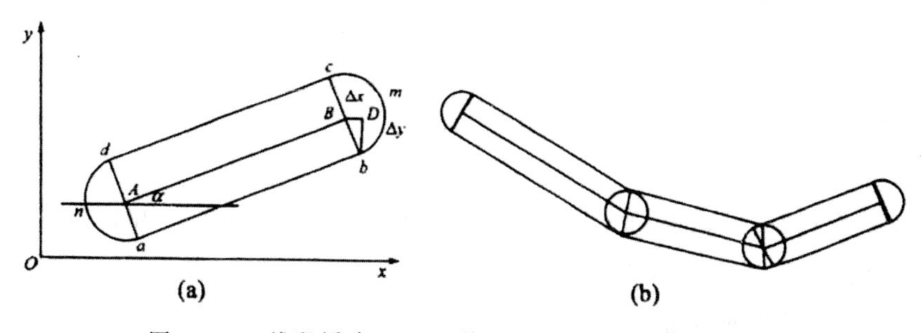


图 6—30　线段缓冲区(a)及其叠加生成的折线缓冲区(b)

1.基元的生成

基元的基本形状要素包括两个平行的线段和两个以线段端点为圆心的半圆弧。

2.基元叠加合并

方法是在交点处将基元边界元素分裂打断，再判断其是否落入其他基元内部，并删除落入基元内部的边界元素。基本运算包括求交运算，以及点在多边形内的判断。

求交运算是基元与其他基元进行比较求交，在交点处将基元边界元素分裂打断。可分为线段与线段的求交、圆弧段与线段的求交、圆弧段与圆弧段的求交，分别依据直线方程和圆方程来进行求交点运算。当交点落在直线段上或者圆弧段上时，在交点处将线段或圆弧段打断，分裂为多个段。应该指出，圆弧段通常由短小线段构成的折线逼近，这种情况下求交点的运算全部是直线与直线的交点。由于短小折线数量大，因此求交运算量很大。

基元边界元素各个段是否落在其他基元内的判断可以归结为点在多边形内与否的判断。由于基元由两个半圆和一个矩形组成，判断过程分两步。首先判断点是否在基元框架的两个半圆中，若点到圆心的距离大于圆的半径，则该点不在半圆内；若点不在半圆内，再判断点是否在基元框架的矩形框中。如果某点在矩形框中，则它与矩形的 4 个顶点的连线将矩形分割成 4 个三角形，其面积之和与矩形面积相等。因此，若 4 条连线及矩形的 4 条边构成的 4 个三角形的面积与矩形面积相等，则该点在矩形框内，否则在矩形框外。

# 第五节　网络分析

## 一、网络分析的方法

1.贪心启发式和局部搜索(Greedy Heuristics and Local Search)

所谓的贪心启发式,涉及这样的一个过程,每一个阶段,是其中一个局部最优的选择,可能会或可能不会导致一些问题的一个全局最优的解决方案。因此,贪心算法是局部搜索,或称为LS算法。

2.交互启发式算法(Interchange Heuristics)

交互启发式算法是从一个问题的解决方案开始(典型的是一个组合优化问题),然后系统地用当前方案的成员交换初始方案的成员,当前方案的成员要么是根据当前方案的另外部分元素形成,要么是属于“还不是一组成员”形成的元素形成。有许多这类方法的例子,如自动分区算法(AZP)。

最知名的交互启发式算法之一是使用欧氏距离测度的旅行商问题(TSP)的n选择家庭应用的标准形式。这是一个简化的改进算法,适用于现有的对称之旅的所有位置。这个算法随机地从方案中简单取两个边界(i,j)和(k,l),用(i,k)、(j,l)或(j,k)替换它们。对这个构想有几种改进方法,在性能上具有明显差别,其中包括检查修订的旅行线路不包含交叉。这永远不会是最短的配置。对一个交换候选列表来讲,唯一的交换选择是将产生最大效益的。3选择交换与2选择交换基本是一样的,但一次要取3个边界。这可能更有效,而且对对称问题是基本的,但具有较高的计算代价。

在位置建模领域,一类常见的问题是确定潜在的设施位置,然后将客户分配到这些位置。我们的目标是将P个设施为m个客户提供服务的成本降到最低。有一系列算法来解决这个问题,其中在地理空间分析方面,最著名的方法之一是角点的替换算法。例如,给定一组设施的位置,系统评估其边际变化的处理方案是:

①对这个算法进行初始化设施配置,提供第一个“当前方案”。例如,从给定的一组n>p的候选位置,随机选择P个位置;

②不在当前方案中的第一个候选位置被在当前方案中的每个设施位置替换,基于这个新的设施配置,重新分配客户。目标函数幅度降低最大的,产生替

换，如果有的话，选择一个交换；

③当所有的不在当前方案中的候选位置都已经被当前方案中的所有位置替换，迭代完成，然后重复这个过程。

当一个单迭代不会导致一个交换时，算法终止。优化方案算法终止的条件，交换启发式产生的设备配置，满足所有3个必要但不是充分的条件：所有的设施对要分配给它们的需求点是局部中位数（最小旅行成本或距离中心）；所有的需求点被分配到它们的最近的设施；从这个方案中去掉一个设施，用不在这个方案中的候选位置代替它。总是产生一个净增长，或目标函数的值没有变化。注意，这个方案一般来说不是全局优化，不一定是唯一的，也没有任何直接的方式确定哪个方案是最好的（即怎样才是接近最佳的方案）。

3.元启发式算法（Meta－heuristics）

术语元启发式最初是由Glover开发的，现在被用来指超越局部搜索（LS）的方法，作为一种手段寻求全局最优启发式的概念发展，典型地用于模拟一个自然过程（物理的或生物的）。元启发式算法的例子包括塔布搜索、模拟退火、蚁群系统和基因算法。

许多这些算法与生物系统的类比，往往稍显脆弱，如取蚂蚁寻找食物或动物基因遗传有助于产生更健康的后代的想法，而不是细节。此外，许多应用技术用于静态问题，而运行在动态环境中的生物系统，具有内在稳定性和灵活性的次最佳行为通常比一时的最优行为更重要。在最短的时间内发现和吃掉所有的猎物，可能耗尽它们的数量，使它们不能再生产，也就不能提供更多的食物。这种观点不仅提供了这种基于类比方法的值得注意的警示，而且也是它们可以被证明是在动态系统中特别有用的最优化方案之一，如动态电子通信路径优化和实时交通管理领域。

4.塔布搜索（Tabu Search）

塔布搜索是一种元启发式算法，目的是克服局部搜索（LS）陷入的局部最优问题（如贪心算法）。因此，它是对LS算法一般性目的的扩展算法，每当遇到一个局部最优时，其操作允许非改善移动。为了达到这个目的，通过在塔布列表（一种短期存储）中记录最近的搜索历史，确保未来的行动不搜索空间的这部分。

塔布搜索方法是由搜索空间定义的，是局部移动模式（邻域结构）以及使用搜索存储。其步骤如下。

①搜索空间S，是给定问题的所有方案的简单空间（或纯组合问题）。注意，

它或许很大，或对一些问题是无穷大（如这些可能包括要优化的离散和连续变量的混合）。搜索空间可能包括可行的和不可行的方案，以及在一些允许情况下，搜索空间扩展到不可行区域是必要的（如为松弛的约束检查可行方案）。

②邻域结构确定了一组移动，或转换，当前搜索空间 S，受到单次迭代过程的影响。因此，邻域 N，是搜索空间的子空间（很小）N ⊂ S。这种转换的一个简单例子是一组交互启发式，当前方案的一个或多个元素被来自当前方案的其他部分的一个或多个元素，或元素位于方案内容之外替换。

③搜索存储，特别是短期搜索存储，具有明显不同于其他大多数方法。一个典型的例子是当前移动列表的保留时间，其倒过来就是塔布搜索的迭代次数，称为塔布任期（Tabu Tenure）。对于网络路径问题，客户 A 刚好从路径 1 移动到路径 2，短期内防止这种交换的逆转，是为了避免没有改善的循环。这种方法的风险是：有时这样的移动是有吸引力的和有效的，可以通过松弛严格的塔布方式得到改善。典型允许的松弛（使用"意愿标准"，Aspiration Criteria）允许塔布移动，如果它可以导致产生具有一个目标函数值的方案，则这个值是迄今为止已知的最佳改善值。

尽管有这些保护，无论是效率还是质量，塔布搜索仍然是低表面的。人们设计了多种技术改善这种表现，大多数设计是具体问题，包括从空间 N 中采样的概率选择，为了减少处理的开销而引入的随机性，和减少遭遇循环的风险；集约化，当前的解决方案（例如，整个路由或分配）的一些组件被固定，而其他元素允许继续被修改；多样化，当前的解决方案的组件，已经出现频繁或连续迭代过程开始以来有系统地从方案中除去，以便使未使用的或很少使用的组件产生一个整体改善的机会；代理目标函数，也可以提高方案的性能（虽然不是直接的质量），通过减少开销，即有时改变目标函数的当前计算值。如果代理函数与目标函数是高度相关的，则计算会非常简单，可以是许多操作在给定的时间周期进行，因此扩大了方案检查的范围；这种杂交的技术逐渐发展为一种实践，与塔布搜索类似的另外一种方法是基因算法。

5.交叉熵方法（Cross Entropy，CE）

CE 方法是一个迭代方法，可以应用于广泛的问题，包括最短路径和旅行商问题。其步骤包括：

①按照定义的随机机制（如蒙特卡洛过程），产生一个随机数据（轨迹、向量等）的样本；

②在这个数据基础上，更新随机机制的参数，为了产生下一次迭代"更好"

的样本。

更新机制使用交叉熵统计的离散版本。在基本形式方面，这个统计是比较两个概率分布，或一个概率分布和一个参考分布。

6.模拟退火算法（Simulated Annealing）

模拟退火算法是由 Kirkpatrick 开发的元启发式方法，其名称和方法的由来是当玻璃或金属被系统加热和重新加热，然后允许持续冷却后所表现出的行为。其目的与其他的元启发式一样，是获得给定问题的全局最优的一个最接近的方案。

模拟退火算法可以看作是自由行走在这个方案空间 S 的托管形式，邻域空间的探索通过求助于退火的行为确定，这反过来关系到这个过程经过一段时间的温度。

模拟退火算法是一个相对较慢的技术，因此，针对具体问题进行修改，模型的统计分析行为的结果会得到明显的改善。然而，这样的改变可能会去掉最终全局最优的保证。模拟退化算法显著的优点包括简单的基本算法，处理过程的低存储开销，适用优化的问题范围广（地理空间的或其他的）。在地理空间领域，该算法成功应用于各种问题，如设施位置优化和旅行商问题。

## 二、主要的网络分析应用

1.最小生成树

生成树是图的极小连通子图。一个连通的赋权图 G 可能有很多的生成树。设 T 为图 G 的一个生成树，若把 T 中各边的权数相加，则这个和数称为生成树 T 的权数。在 G 的所有生成树中，权数最小的生成树称为 G 的最小生成树。

在实际应用中，常有类似在 n 个城市间建立通信线路这样的问题。这可用图来表示，图的顶点表示城市，边表示两城市间的线路，边上所赋的权值表示代价。对 n 个顶点的图可以建立许多生成树，每一棵树可以是一个通信网。若要使通信网的造价最低，就需要构造图的最小生成树。

构造最小生成树的依据有两条：

①在网中选择 n－1 条边连接网的 n 个顶点；

②尽可能选取权值为最小的边。

下面介绍构造最小生成树的克罗斯克尔（Kruskal）算法。该算法是 1956

年提出的,俗称“避圈”法。设图 G 是由 m 个节点构成的连通赋权图,则构造最小生成树的步骤如下:

①先把图 G 中的各边按权数从小到大重新排列,并取权数最小的一条边为 T 中的边;

②在剩下的边中,按顺序取下一条边。若该边与 T 中已有的边构成回路,则舍去该边,否则选进 T 中;

③重复②,直到有 m—1 条边被选进 T 中,这 m—1 条边就是 G 的最小生成树。

设有如图 6－31a 所示的图,图的每条边上标有权数。为了使权数的总和为最小,应该从权数最小的边选起。在此,选边(2,3);去掉该边后,在图中取权数最小的边,此时,可选(2,4)或(3,4),设取(2,4);去掉(2,4)边,下一条权数最小的边为(3,4),但使用边(3,4)后会出现回路,故不可取,应去掉边(3,4);下一条权数最小的边为(2,6);依上述方法重复,可形成图 6－31b 所示的最小生成树。如果前面不取(2,4),而取(3,4),则形成图 6－31(c)所示的最小生成树。

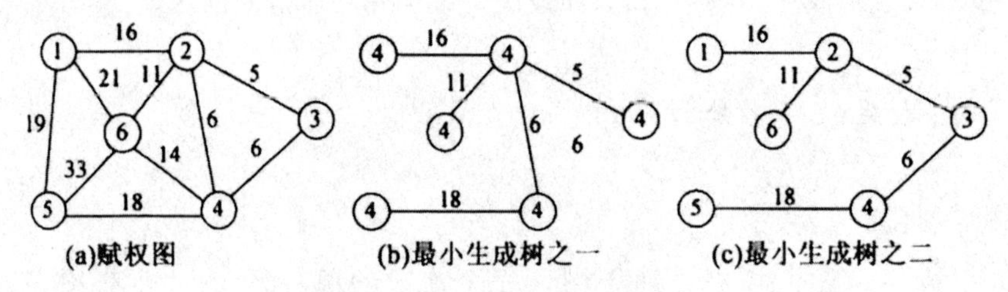


图 6－31　最小生成树的构造

2.Gabriel 网络

Gabriel 网络是最小生成树(Minimal Spanning Tree,MST)的一种子集形式,具有多种用途,是以原创者 K.R.Gabriel 命名的。关于一组点数据集的 Gabriel 网络,如图 6－32 所示,是通过在源数据集中添加对点之间的边界创建的,如果没有该组的其他点包含在直径通过两个点的圆内,如图 6－32 中的黑色圆。

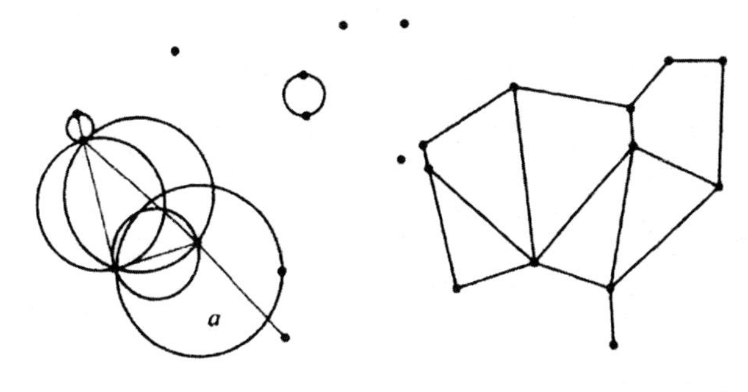


(a)Gabriel 网络结构　　　　(b)Gabriel 网络

图 6－32　Gabriel 网络结构

在这个例子中,标记为 a 的圆圈包围另一点的集合,因此不包括在用于创建这个圈里的两个点之间的联系最终的解决方案中(直线)。该过程继续,直到所有的点都按照这个条件,图 6－33 已经以这种方式检查和连接。

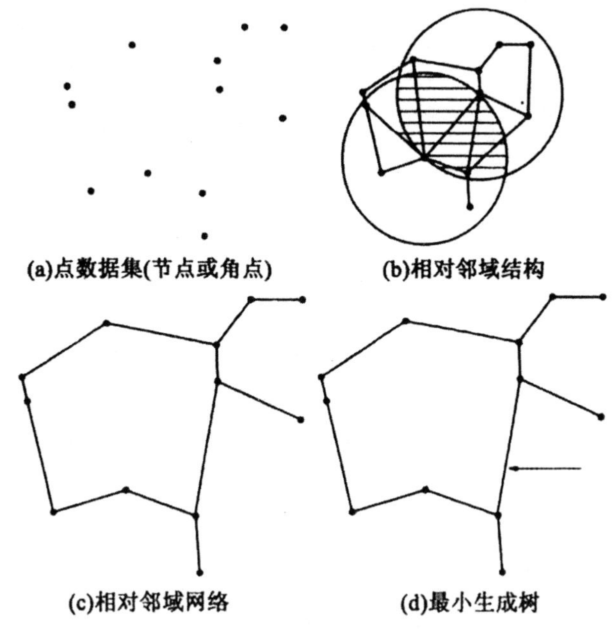


图 6－33　相对邻域网络和有关的结构

Gabriel 网络提供了比 MST 包含更多链接的一种网络形式,因而能提供更高的附近点但实际不是最邻近点之间的连通性。据介绍是唯一定义点集连接性的方法,没有其他点被认为处于连接对之间。著名的是种群基因研究(人或其他)已经被用于各种应用。依据这种连接性,边界权重测度,构建空间权重矩阵,用于自相关分析。可以按照 MST 的方法,产生 Gabriel 网络子集。

①构建 Gabriel 网络的初始子集，使用的附加条件是没有其他的点位于放置在每个 Gabriel 网络节点上的，半径等于这两个分离的点之间的半径定义的圆的交叉区域，如图 6－33b 所示。其结果称为相对邻域网络，如图 6－33c 所示。

②在相对网络中移除最长，但不破坏整体的网络连接性的链。

③重复步骤②，直到在总长度上不再减少为止，如图 6－33d 所示，箭头标识的线是唯一要移除的边界。

上述方法尽管描述得不详细，完全可以按照 MST 方法产生。Gabriel 网络只是 MST 的子集，需要进行缩减工作，直到满足 MST 的定义。其方法的变体是 k－MST，在一个 MST 寻求一个给定的子集，$k \leqslant n$ 个顶点，其余顶点要么通过连接现有的边界集，要么不连接。

# 第七章　地理数据的可视化与地图制图

## 第一节　地图可视化表达

可视化技术的基本思想是“用图形与图像来表示数据”。可视化技术充分利用了人类的视觉潜能，俗话说“一图抵千言”，往往千言万语也表达不了一张图包含的信息。利用图形、图像表示信息，可以迅速给人一个概貌，反映事物错综复杂的关系。可视化技术可以从复杂的多维数据中产生图形，展示客观事物及其内在的联系，能激发人的形象思维，允许人类对大量抽象的数据进行分析，从而使人们能够观察到数据中隐含的现象，为发现和理解科学规律提供有力工具。

### 一、可视化表示方法

GIS 可视化表示方法可以看作“地图学”学科的创新发展。在 GIS 可视化的电子地图中，传统专题地图表示方法不仅适用，而且能够应用得更为生动、丰富。按照符号的几何类型，地理空间信息的表示方法可以划分为点状要素表示法、线状要素表示法、面状要素表示法和面上数据指标表示法四大类，而具体有十种典型的表示方法。

定位符号法主要用于表示点状分布的物体，如宝塔、寺庙、工矿点等独立地物。在电子地图上，定位符号法大多用比率符号来表达数量关系。例如，表示某地矿产含量时，符号随含量多少而变化，含量多则符号大，含量少则符号小，两者呈变化比率关系。通过定位符号法可以形象反映地理要素的数量差异，而通过符号的扩张形式可以表示要素的动态变化（如 GDP 变化等）。如果需要显示点状要素的内部结构特征,可以通过符号的内部分割形式来表达。符号的位置应与物体的实地位置相一致,不能随意进行位移处理。

线状符号法是指用于表示呈线状分布的地理现象,既可以表示无形的线划(如境界线等),也可以表示线状地物不依比例尺表示的事物(如河流等),还可以表示在一定范围内专题现象的主要方向(如山脉走向等)。线状符号法的特点如下。

①可以使用符号的宽度和颜色来分别表示数量和质量特征。例如,用不同宽度和颜色的线划,来表示不同等级的道路;用不同宽度和颜色,反映不同季节内河流流量的差异。

②线状符号具有一定的宽度。例如,描绘时一边为准确位置,另一边为线划的宽度。

③线状符号表示线状分布,但不表示现象的移动和方向。例如,公路网规划图和珠江流域图是用线状符号来表示规划道路、河流线状地物等。

运动线法是线状要素的另一种表示方法。运动线法是用箭头符号和不同宽度和颜色的条带,来表示现象移动的方向、路径、数量和质量特征等。例如,春运期间的人流迁移地图就用运动线法来表示客流情况。在设计运动线法的符号时,不同形状和颜色的条带,可以表示不同类型的指标。例如,在洋流图中,用红色的线条表示暖流,而用蓝色的线条表示寒流。同样可以使用不同粗细的条带表示运动的速度和强度,以箭头形状符号表示运动的方向,如图 7－1 所示。运动线法还可以使用箭头的长短来表示现象的稳定性,箭头较长表明运动的稳定性更强。

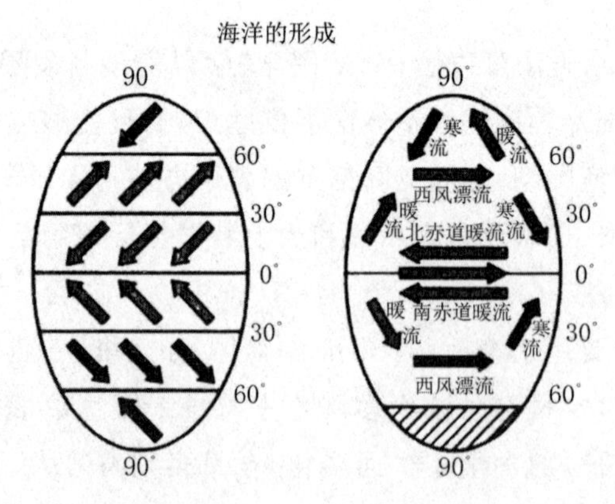


图 7－1　运动线法

面状要素的表示方法包括范围法、质底法、等值线法和点数法4类。范围法用于表示呈现间断的成片分布的面状对象，而用真实的或隐含的轮廓线来表示对象的分布范围，轮廓线内部再用颜色、网纹、符号以及注记等手段区分质量特征。范围可以分为绝对区域和相对区域。绝对区域具有明确的边界，并且除该区域以外再也无此现象的存在。例如，某市域内的高新技术产业园区具有明确的分布范围。相对区域是指图中所示范围仅仅代表现象集中分布的地区，而其他地方也可能有此现象。例如，某种植被或者动物的分布区域。相对区域可用虚线或点线来表示轮廓界线，或者不绘制轮廓界线，只以文字或符号来表示概略范围。

质底法用于表示连续分布且布满整个区域的面状现象，如地质现象、土地利用状况和土壤类型等。质底法不强调数量特征，只强调属性特征。质底法根据对象的性质进行分类或分区形成图例，然后绘出轮廓线，将同类现象绘成相同颜色，最终得到连续分布的显示现象性质差异的地图。在分区时，质底法可以分为精确分区和概略分区。精确分区表示具有精确界限范围的现象，如行政区划、地质分布等；而概略分区用于表示无精确界限范围的现象，如主体功能区、民族分布等。质底法的优点是图像鲜明美观，缺点是不易表示各类现象的过渡，而且当分类较多时，图例复杂。

等值线法是用等值线的形式表示布满全区域的面状现象，适用于描述地形起伏、气温、降水、地表径流等布满整个制图区域的均匀渐变的自然现象。所谓等值线，就是将现象数量指标相等或显示程度相同的各点连成平滑曲线。例如，使用等高线表示高程、使用等降水量线表示降水现象，使用等温线表示气温分布等。等值线法的特点如下。

①可以表示变化渐移且连续分布的现象。

②需要以同一指标来绘制等值线。例如，地理要素都是反映高程或者都是反映气温等。

③等值线必须组成系统来描绘现象的变化情况。

④等值线的间隔应当是常数，以便于判断现象变化的急剧或和缓程度。

点数法主要用于描述制图区域中呈分散的、复杂分布的，以及无法勾绘其分布范围的现象，如人口、动物分布等，如图7－2所示，通过一定大小和形状相同的点群来反映。这些点子大小相等并且每个点子都代表一定的数量。点子的分布具有定位功能，代表现象大致的分布范围；点子的多少反映现象的数量指标；通过点子的集中程度，反映现象分布的密度。点数法可采用不同颜色的点来反映现象数量和质量的发展情况，例如，以蓝色和红色的点子，分别反映制图区域内餐饮店和服装店的分布密度等。

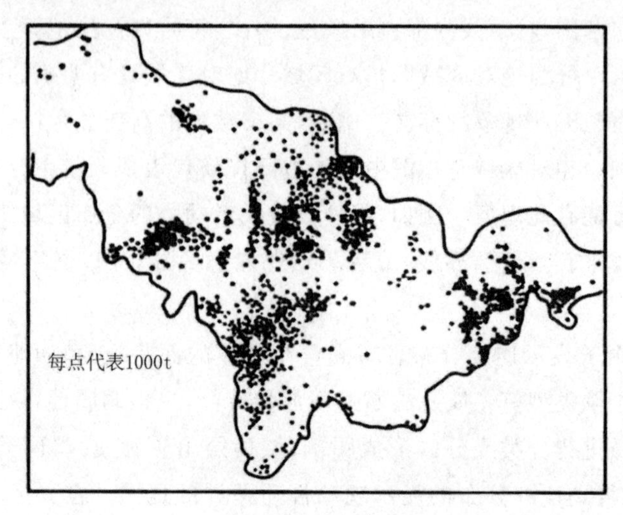


图 7—2 点数法

面上数据指标表示法包括定位图表法、分级统计图法和分区统计图表法。定位图表法是以定位于地图要素分布范围内的统计图表来表示范围内地图要素数量、内部结构或周期性数量变化的方法。如图 7—3 所示，在某区域内进行风速与风向测量，不太可能涉及区域内的所有地方，而只能通过采样的方法，设置具有代表性的监测站。虽然测点的风向、风速等情况只是一组点的数据，却可以反映周边区域的风速与风向情况。定位图表法的特点是以“点”上的现象说明占有一定面积的现象或总和。此外，方向线的结构和长短代表现象的频率、大小等特征。例如，用玫瑰图来表示风速情况，可以反映 8 个不同方向风速的强弱变化。

分级统计图法是根据各制图单元(如行政区划)的统计数据进行分级，用不同色阶或疏密晕线网纹，来反映各分区现象的集中程度或发展水平的方法。分级统计图法适于表示相对数量指标，其关键是对指标进行分级，而常用的分级方法包括：

①等差分级，即以相等的级差划分等级；

②等比分级，即以相等倍数的级差划分等级。分级统计图法的优点在于绘制简单、阅读容易，而在实际应用中，需要根据数据的分布特征，对等级间距进行调整，以达到更好的表达效果。

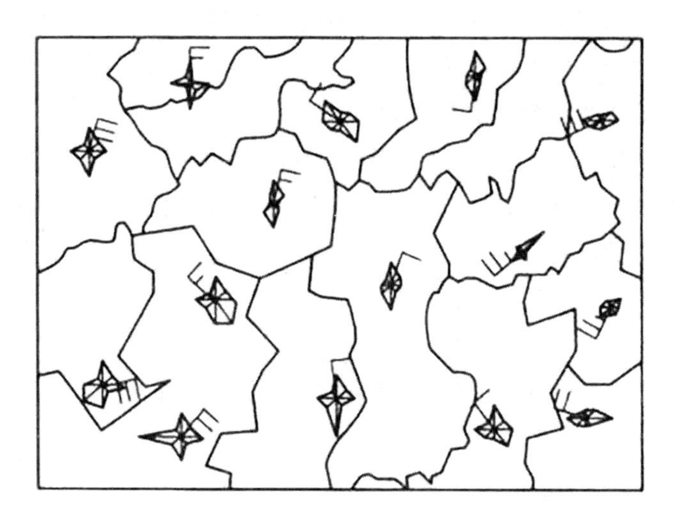

图 7—3　定位图表法(某区域风速风向图)

分区统计图表法是将各分区单元内的统计数据,描绘成不同形式的统计图表,并置于相应的区划单元内,以反映各区划单元内的现象总量、构成和变化。例如,分区统计图表法可以表示产业结构、年龄比例和性别比例等信息分布。分区统计图表法把整个区域作为整体,可以显示现象的绝对和相对数量、内部结构组成、发展动态等,但只能概略地反映地理分布,而不能反映区域内的差别。分区统计图表法反映的是区域的现象,而不是点的现象,并且适宜于表示绝对数量。采用较多的统计符号是立体统计图、饼状统计图、柱状统计图等。

GIS 软件开发人员已经把 GIS 可视化的表示方法内嵌到计算机软件里,用户只需要进行简单的参数设置,就可以实现对电子地图的各种渲染效果。

## 二、地理空间数据可视化的作用

地理空间数据可视化具有 3 个方面的重要作用。

1.可视化可用来表达地理空间信息

地理空间分析操作结果能用设计良好的地图来显示,以方便对地理空间分析结果的理解,也能回答类似“是什么?”“在哪里?”“什么是共同的?”等问题。

2.可视化能用于地理空间分析

事实上,我们能理解所设计的并彼此独立的两个数据集的性质,但很难理解两者之间的关系。只有通过叠加与合并两个数据集之类的空间分析操作,才可以测定两个数据集之间的可能空间关系，才能回答“哪个是最好的站点？”“哪条是最短的路径？”等类似问题。

3.可视化可以用于数据的仿真模拟

在一些应用中，有足够的数据可供选择，但在实际的空间数据分析之前，必须回答与“数据库的状态是什么？”或“数据库中哪一项属性与所研究的问题有关？”这些类似的问题。这里的空间分析需要允许用户可视化仿真空间数据的功能。

## 第二节　地图符号及符号库

### 一、地图符号的分类

1.按符号表示的制图对象的几何特征分类

按照符号表示的制图对象的几何特征，地图符号主要分为点状符号、线状符号、面状符号和体状符号4类，如图7－4所示。

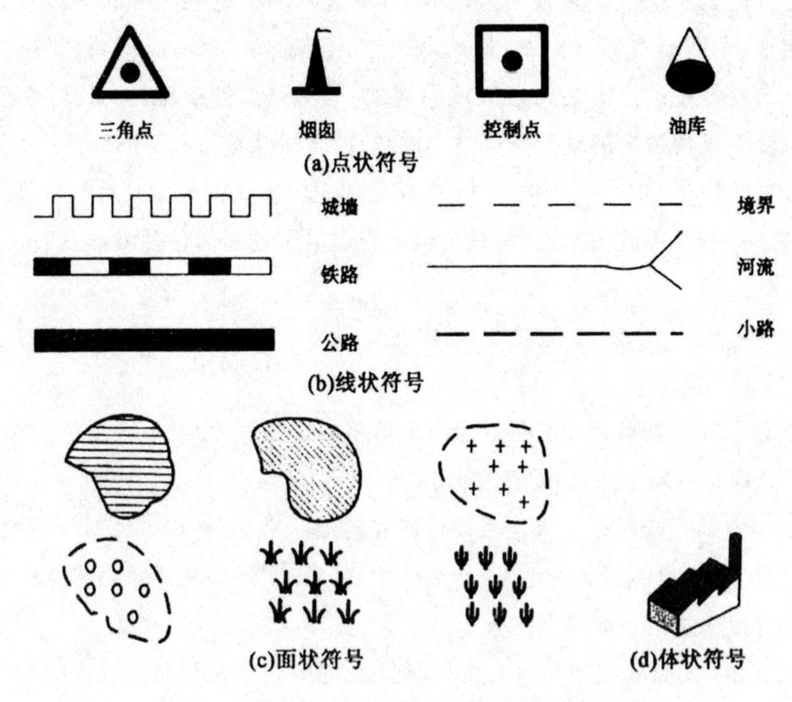


图7－4　按符号表示的制图对象的几何特征分类

2.按符号与地图比例尺的关系分类

地图上符号与地图比例尺的关系，是指符号与实地物体的比例关系，即符号反映地面物体轮廓图形的可能性。由于地面物体平面轮廓的大小各不相同，符号与物体平面轮廓的比例关系可以分为依比例、半依比例和不依比例 3 种。据此，符号按与地图比例尺的关系也分为依比例符号、半依比例符号和不依比例符号 3 种。

3.按符号表示的制图对象的属性特征分类

按符号表示的制图对象的属性特征可以将符号分为定性符号、定量符号和等级符号，如图 7－5 所示。

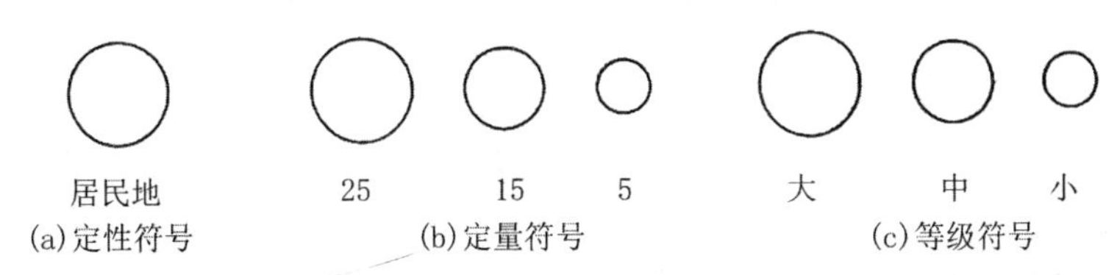


图 7－5　按符号表示的制图对象的地理尺度分类

4.按符号的形状特征分类

根据符号的外形特征，还可以将符号分为几何符号、透视符号、象形符号和艺术符号等，如图 7－6 所示。

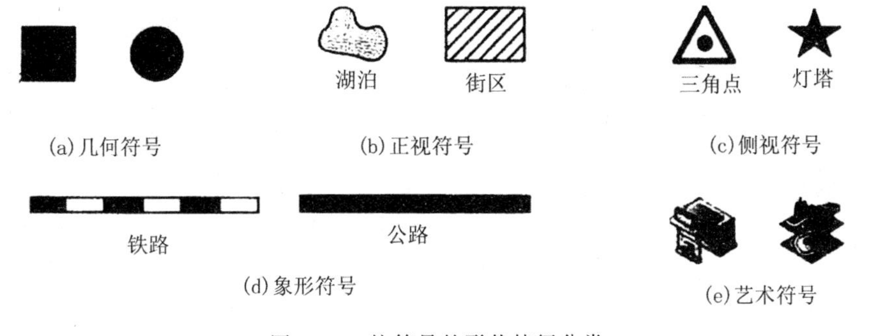


图 7－6　按符号的形状特征分类

## 二、地图符号的视觉变量

电子地图由不同符号的图形有机结合而成，而符号的复杂排列能够引起视觉上的不同感受。视觉变量是指地图上能够引起视觉变化的基本图形和色彩因素等，是构成地图符号的基本元素。地图视觉变量具体包括形状变量、尺寸变量、方向变量、颜色变量和网纹变量，如图 7－7 所示。

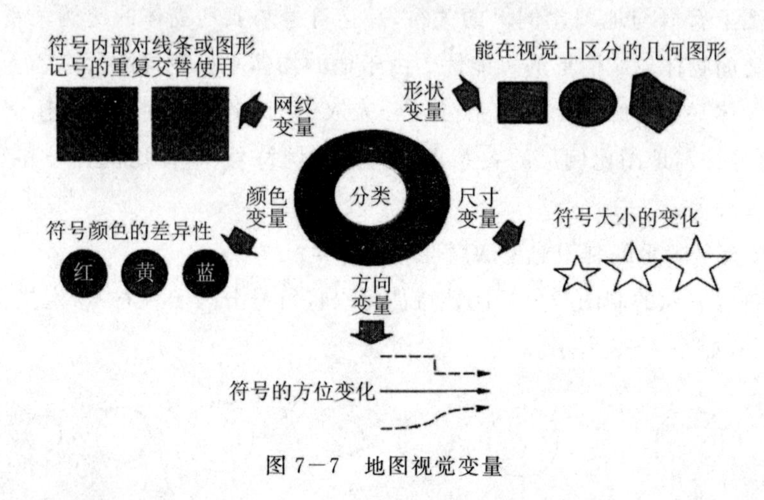


图 7－7　地图视觉变量

1.形状变量

形状变量是指能在视觉上区分的几何图形。形状变量表示事物的外形和特征，具体包括两种类型：

①有规则形状的图形。这类图形可以是类似于地物本身的实际形状（如树木符号、电视塔符号等），也可以是象征性的符号（如首都、医院等）；

②不规则的范围轮廓线性要素。例如，文化保护区的边界、坑穴等，都具有不同的形状范围特征，如图 7－8 所示。

图 7－8　形状变量

2.尺寸变量

尺寸变量是指符号大小（如直径、宽度、高度、面积、体积等）的变化，如图 7－9所示。点状符号可以表达符号的整体大小变化。线状符号的尺寸变化主要体现在线宽的改变。面积符号的尺寸与面积符号的范围轮廓无关。例如，建立符号的大小与某城市GDP的固定比例关系，使得面积较大的符号所反映的GDP值也相对较高。但此类符号只反映城市GDP，与城市的范围轮廓无关。

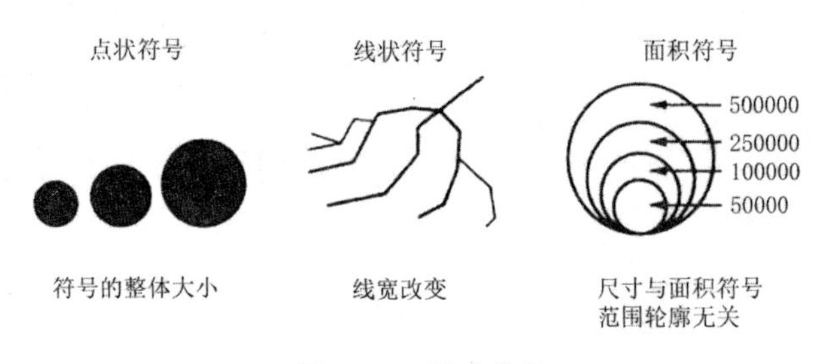


图7—9　尺寸变量

3.方向变量

方向变量体现符号的方位变化。方向变量适用于长形或线状的符号，如洋流的方向、季风的方向，甚至是传染病蔓延的方向等，如图7—10所示。方向变量可以是符号图形本身的方向变化，也可以是同类纹理方向的变化。

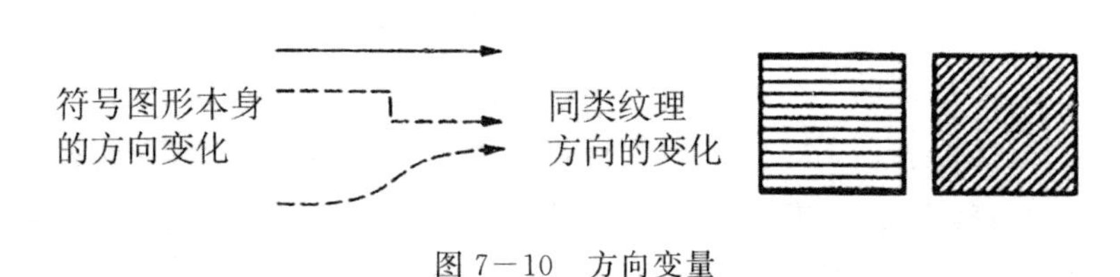


图7—10　方向变量

4.颜色变量

顾名思义，颜色变量是指符号颜色的差异性。颜色变量可以从色相、亮度和饱和度这些方面分析。在使用颜色变量对地物进行区分时，同类地物数量上的差异，如人口密度差异、森林覆盖差异等，应该尽量使用同一色系，而通过饱和度或亮度的变化来反映地理事物的差异性。如果表达不同类型的地理实体，如耕地、林地、水体、建筑用地等不同的土地类型，就可以使用不同色相进行表示。而非彩色的颜色变量，只能利用灰度变化来区分。

5.网纹变量

网纹变量是指符号内部线条或图形记号重复交替使用。如图7—11所示，网纹样式可以是点状、线状、象形或影像。一般而言，网纹变量的使用应当与所表达事物具有关联。例如，水体可以采用波浪形的纹理。

将以上5种视觉变量有机组合、就可以形成各种各样的符号系列，直观形象地表达地图上各种地理实体的基本特征。

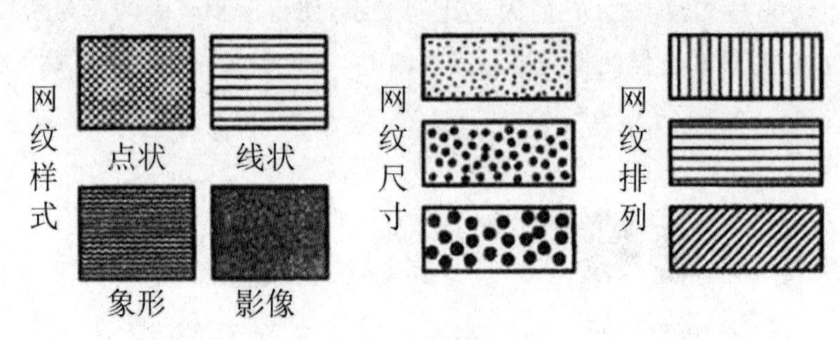


图 7－11　网纹变量

### 三、地理信息系统符号库

GIS 符号库是表示各种空间的图形符号的有序集合，往往面向不同专题。例如，不同比例尺的地形图都有相应的符号库；土地利用现状图、控制性详细规划图等也都有专门的符号库。在设计 GIS 符号库时，除遵循一般符号设计的基本要求外，还需要遵循标准化、规范化和系统逻辑性等原则。图形符号的颜色、图形、含义等需要满足国家对基本比例尺地图图式规范的要求；专题符号尽可能采用国家及整个部门的符号标准；而新设计的符号应当满足整个符号系统的逻辑性和统一性等原则。

GIS 符号库的制作，搭建了从存储在空间数据库中的数字地图向电子地图转换的桥梁。为实现转换操作，首先，向空间数据库的符号库里导入符号化文件。其次，打开所需要渲染的图层，进行分类或分级。然后，对分类或分级后的结果进行设置，从符号库中找到对应符号予以添加。最后，根据具体情况，对个别符号进行调整或编辑。

自行开发的系统程序，应灵活设置符号。例如，在渲染图层时，计算机能够根据分类代码，通过配置程序，找到对应的符号，设置地理空间数据的样式，从而形象直观地呈现五彩缤纷的电子地图。

## 第三节　地理数据的版面设计与制图

地图设计是一种为达一定目标而进行的视觉设计，其目的是为了增强地图传递信息的功能。在一幅完整的地图上，图面内容包括图廓、图名、图例、比例尺、指北针、制图时间、坐标系统、主图、附图、符号、注记、颜色、背景等内容，内容丰富而繁杂，在有限的制图区域上如何合理地进行制图内容的安排，并不是一件轻松的事。一般情况下，图面配置应该主题突出、图面均衡、层次清晰、易于阅读，以求美观和逻辑的协调统一而又不失人性化。

## 一、地图制作过程及方程

1.传统地图生产方法

传统地图生产制造过程分为地图设计、地图编绘、出版准备和地图印刷4个主要阶段，如图7－12所示。

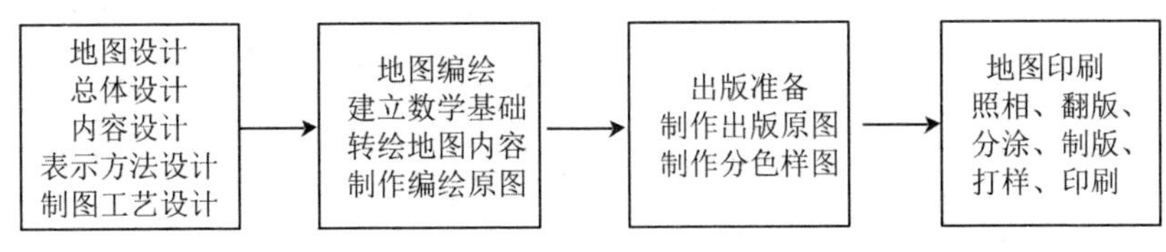


图7－12　传统地图生产制造过程

传统地图生产方法都是采用手工制图方法，每个工序相互割裂，生产周期长、工序繁杂。生产一幅图工作量大、效率较低，地图质量很大程度上取决于设计人员、绘图人员、出版印刷人员的经验和技能。随着计算机、数据库、图形图像处理、彩色桌面出版系统、计算机直接制版技术和数字印刷技术的出现，以及各种高档输入、输出设备和图形工作站的应用，实现了地图制图与出版一体化的全数字地图制图生产方法。

2.一体化的全数字地图制图生产方法

一体化全数字地图制图生产方法，是利用计算机、输入设备、输出设备等作为工具，将数字制图和出版系统连成一体，制作地图的过程，也称为全数字地图制图生产方法，其工艺流程如图7－13所示。制图过程主要包括地图设计、数据采集与处理、地图编辑、出版编辑、栅格图像处理器（Raster Image Processor，RIP）解释、数码打样、胶片输出、制版和地图印刷几个阶段。

目前，地图制图生产已经全部采用一体化全数字地图制图生产方法。这种方法将传统地图生产方法中的地图设计、地图编绘、地图出版、地图印刷融为一体，在人机协同条件下，全自动或半自动生产地图，极大地提高了地图生产的效率，保证了地图的质量。

从两种方法的生产过程可以看出，无论地图生产工艺过程如何变化，地图设计都是地图制作的首要阶段，其决定了地图的整体概貌、表达内容和表达形式；地图编绘作为地图生产的重要阶段，贯穿于地图资料处理、地图内容分类分级、图形表达、内容更新的各个过程，直接影响地图的最终质量。

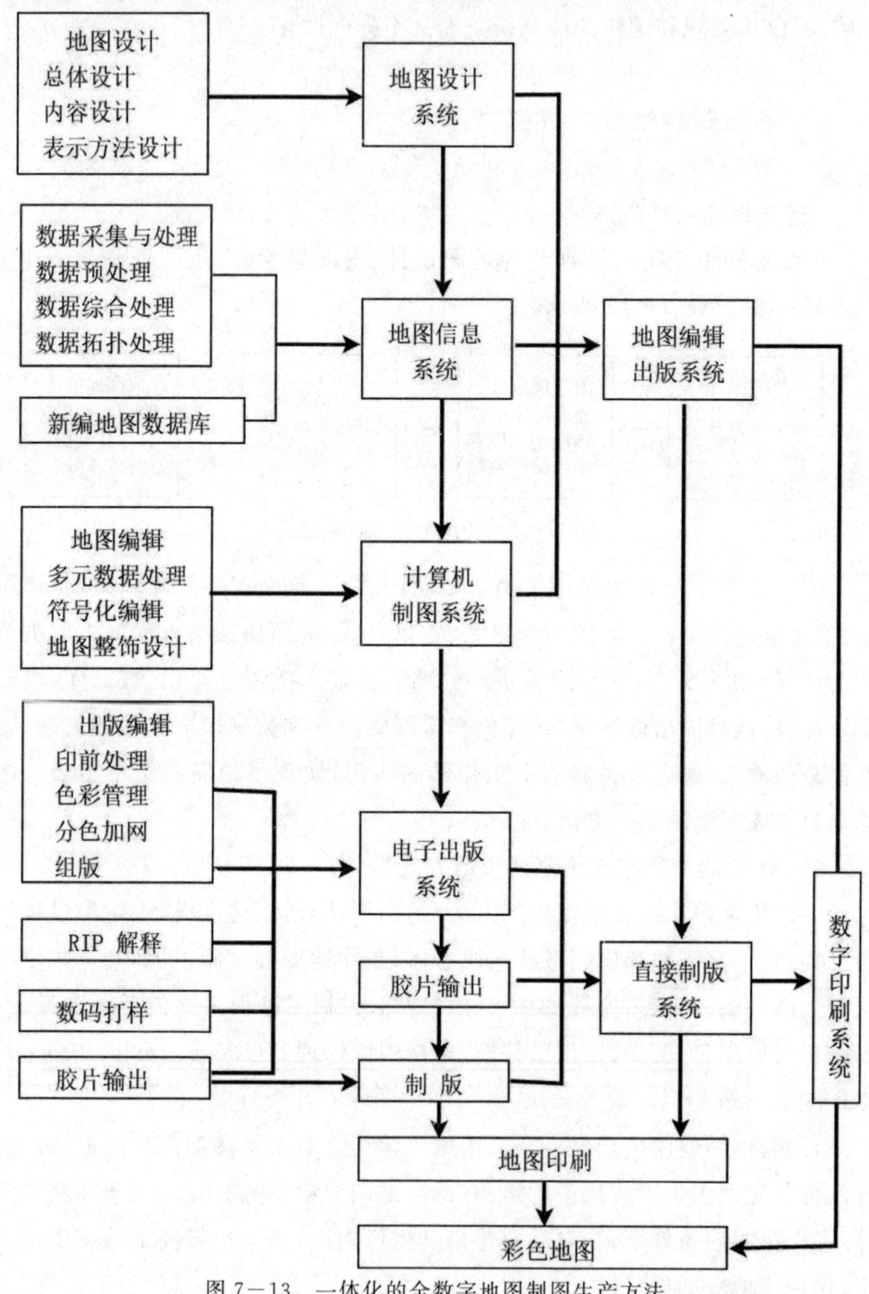


图 7－13　一体化的全数字地图制图生产方法

## 二、地图设计的过程与内容

地图设计的过程主要包括：

①明确任务和要求；

②收集、选择和分析资料；

③研究区域特征，确定地图内容；

④地图总体设计；

⑤地图符号和色彩设计；

⑥地图内容综合指标的拟定；

⑦编图技术方案和生产工艺方案设计；

⑧地图设计的试验工作；

⑨汇集成果，编写设计文件。

地图设计的具体内容如图 7－14 所示。

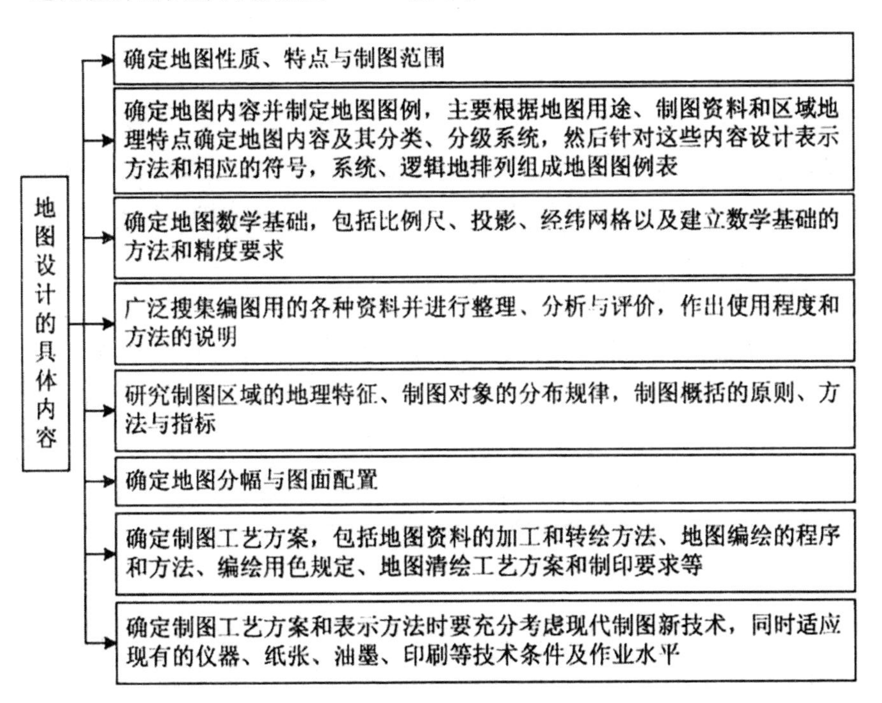


图 7－14　地图设计的具体内容

设计工作可先进行样图试验，以便检查各项规定是否可行，能否达到预期效果。样图检验最好采用几个方案，以便对比分析选出最佳方案。

图面的设计包括图名、比例尺、图例、插图(或附图)、文字说明和图廓整饰等。

## 三、制图综合的基本方法

制图综合是对地图进行高度综合的一个过程,其中包括很多环节,对图形的化简,极大地考验了制图者的综合能力,不仅是对制图理论的理解程度,更重要的是对制图区域的熟悉程度。制图综合的方法主要有以下4个。

1.内容的取舍

内容的取舍是指选取地图上较大的、主要的地理要素,而舍弃较小的或次要的地理要素,突出地图的主题和目的。选取主要表现在:选取主要的类别,选取主要类别中的主要事物;而舍弃则表现为:舍去次要的类别,舍去已选取类别中的次要事物。在选取和舍弃中,主要类别或次要类别并没有严格的划分界限,而是依据制图者的用途目的以及自己需要来进行选取。一般地图内容的选取,主要依据以下几个原则:整体到局部;从主要到次要;从高级到低级;从大到小。

2.质量特征的化简

地理要素间的区别是以质来体现的,表现在地图上,则是以不同的符号来代表不同的类型,因此在质量化简时,可以将本质较为相近的事物归为一类,如针叶林、阔叶林可以归并入森林,以达到地图概括的目的。

3.数量特征的化简

地图上用数量特征来表示地理要素的多少。因此在进行数量特征的化简时,可以考虑用等值线或者等间距,对属于某一区域内数量的要素进行概括,而对于低于规定等级数量的要素可以舍弃。但需要注意的是:在舍弃数量相对较少的地理要素时,一定要注意要与地图的主题或者地图所要表达的内容相适应,不能只是一味地按照规定舍弃,但却忽略了地图本来的特征。

4.形状化简

形状的化简,适用于线状或面状表达的事物。形状化简的目的是通过化简,保留原来可以反映要素特征的部分,而舍弃局部碎小的区域。主要有:删除、夸大、合并。当地图比例尺缩小时,有些细节区域会无法显示,但其又不影响整体特征的表达,则考虑可以将这部分区域省略。而一些细小区域因为地图比例尺的缩小,无法显示,但对整体特征而言却很重要的部分,则考虑应当适当的夸大，以使这些区域在地图上清晰地显示出来。合并就是将要素间邻近的、较小的同类事物合并成一个事物。

## 第四节 地图输出

### 一、基于 GIS 的地图生产过程

专门用于地图生产的数据不一定能符合 GIS 的要求，但是 GIS 中空间数据经过适当处理和加工则可满足地图生产的要求。从而形成空间数据采集、建库、地图生产的一体化过程，如图 7－15 所示。

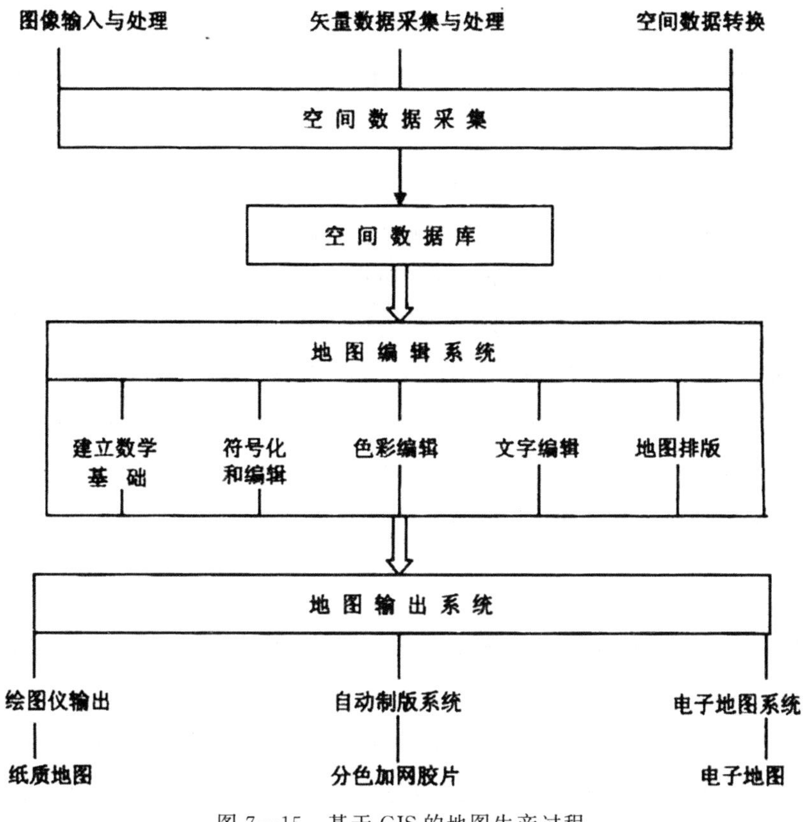


图 7－15 基于 GIS 的地图生产过程

## 二、绘图仪输出

绘图仪输出是最简单的，也是最常用的输出方式。过去 GIS 软件公司要针对不同的绘图仪编写不同的绘图驱动软件。现在这一工作逐渐标准化，这些工作均由操作系统提供的驱动软件，或绘图仪生产公司提供的驱动软件完成。

计算机图形输出可能有 3 种方式，第一种方式是根据绘图指令，编写绘图程序，直接驱动绘图笔绘图；第二种方式是由 GIS 软件产生一种标准的图形文件，如 Windows 的源文件 WMF 文件，调用操作系统或者 Windows 提供的函数“播放”元文件，绘制地图；第三种方式更为简单，所有程序不变，仅在需要绘图时，将图形屏幕显示的句柄改为绘图设备句柄即可。

## 三、自动制版输出

### 1.分色加网处理技术

分色加网是将已获得的彩色地图文件按照每一种颜色的黄、品红、青、黑的实际构成比例进行分色处理，并根据印刷彩色地图的网目密度进行加网处理，为输出分色加网胶片完成预处理工作，即产生页面描述文件，一种国际上通用的标准格式文件，包括对符号和正文的处理。这种单色文件可以通过影像曝光机输出加网胶片。分色处理可依据屏幕上的 R，G，B 值，也可以依据对应于印刷色谱上的黄、品红、青、黑构成比例，在可能条件下，应将 R，G，B 值直接转换到 Y，M，C，$B_k$ 值。符号和线画的色对应于原绘图文件中的笔号，其网线比例一定是 100%，并可设置线宽。

### 2.栅格影像处理

栅格影像处理将转换矢量式的页面描述文件（Postscript）为点阵式影像文件。它可直接用于输出网目片或正文、符号、线画软片，从而完成印前处理的最后一步工作。转变过程中，需要计算网目尺寸和扫描线的匹配关系。RIP 软件直接接受 Postscript 文件并进行解释和转换工作。转换后的结果通常可适用多种型号的影像曝光设备。RIP 软件直接接受矢量式文件，因此可以获得光滑的点阵边界，这是目前世界上普遍推广的一种方法，过去采用直接点阵式数据输出的方式正逐渐被淘汰，并用 Postscript RIP 方式所替代。RIP 过程中可以设置页面大小、网目形状、网目密度、正负网点选择等。

### 四、电子地图制作

电子地图的制作可以采用专门的电子地图制作软件，也可以采用现有的GIS软件，生成电子地图的画面文件，然后用适当的软件，将这些画面文件集成起来，形成电子地图集。

## 第五节 动态地图与虚拟现实

### 一、动态地图

动态地图是反映自然和人文现象变迁和运动的地图，它是用现代计算机技术、可视化技术等手段为用户呈现出不同区域、不同时间段的客观事物形态。例如，历史上某一时期的行政区划或者房屋的位置，虽然它可以动态地反映地理现象，但实际中，它是一个静止的画面，用户需要通过不同时间段的"联想"，使它得以动态地呈现。现在也有通过动画的方式使其在电脑屏幕上动态地展示自然现象。其中时空变化地图就是动态地图的一种形式。

### 二、虚拟现实

虚拟现实(Virtual Reality，VR)，是利用电脑模拟产生一个三维空间的虚拟世界，提供使用者关于视觉、听觉、触觉等感官的模拟，让使用者如同身临其境一般，可以及时、没有限制地观察三维空间内的事物。VR是多种技术的综合，包括实时三维计算机图形技术，广角立体显示技术，对观察者头、眼和手的跟踪技术，以及触觉、力觉反馈、立体声、网络传输、语音输入输出等技术。

(一)虚拟现实技术的主要特征

虚拟现实技术的主要特征如下。

①多感知性。指除一般计算机所具有的视觉感知外，还有听觉感知、触觉感知、运动感知，甚至还包括味觉感知、嗅觉感知等。理想的虚拟现实应该具有一切人所具有的感知功能。

②存在感。指用户感到作为主角存在于模拟环境中的真实程度。理想的

模拟环境应该达到使用户难辨真假的程度。

③交互性。指用户对模拟环境内物体的可操作程度和从环境得到反馈的自然程度。

④自主性。指虚拟环境中的物体运动依据现实世界物理运动定律的程度。

(二)虚拟现实的应用

虚拟现实技术在地理科学中的应用主要表现在虚拟地理环境、城市规划、应急推演、智慧城市等方面,而在应用过程中有时需和其他技术,如GIS、网络、多媒体技术等相结合。

1.虚拟地理环境

虚拟现实技术与地理科学相结合,可以产生虚拟地理环境(Virtual Geographical Environment,VGE)。早期的虚拟地理环境概念从地理实验的角度,强调虚拟地理环境在地理科学中的实验应用价值,把虚拟地理实验作为地理科学研究的一种主要技术手段,强调对于地理虚拟环境的实验。后来基于网络的概念,主要强调在线虚拟地理环境是现实世界的地理环境在虚拟网络世界中的重构,强调虚拟地理环境的虚拟特点和表达现实地理环境中人与人的相互关系和互动行为,更强调社会、经济和政治结构的关系互动。

2.虚拟现实技术在城市规划中的应用

在城市规划中,应用虚拟现实技术,通过对城市现状和未来规划进行仿真,可以实时、互动、真实地看到规划的效果,产生身临其境的感受,从而可以对城市景观设计、感知效果、空间结构、功能组织等进行多方案的对比分析,使决策者能更好地理解规划者的规划设计意图,提高城市规划、城市生态建设的科学性,促进城市可持续发展,降低城市发展成本。例如,基于虚拟现实技术构建的城市规划虚拟现实系统,可以通过其数据接口在实时的虚拟环境中随时获取项目的数据资料,方便大型复杂工程项目的规划、设计、投标、报批、管理,有利于设计与管理人员对各种规划方案进行辅助设计与方案评审,规避设计风险。

3.虚拟现实在应急推演中的应用

虚拟现实的产生为应急推演提供了一种新的开展模式,将事故现场模拟到虚拟场景中去,在这里人为地制造各种事故情况,组织参演人员做出正确响应。这样的推演大大降低了投入成本,提高了推演实训时间,从而保证了人们面对事故灾难时的应对技能,并且可以打破空间的限制,方便地组织各地人员进行推演,这样的案例已有应用,也必将是今后应急推演的一个发展趋势。

4.虚拟现实在智慧城市中的应用

应用虚拟现实技术，将三维地面模型、正射影像、城市街道、建筑物及市政设施的三维立体模型融合在一起，再现城市建筑及街区景观。用户在显示屏上可以直观地看到生动逼真的城市街道景观，可以进行查询、量测、漫游、飞行浏览等一系列操作，从而满足智慧城市建设由二维 GIS 向三维虚拟现实的可视化发展需要，为城建规划、社区服务、物业管理、消防安全、旅游交通等提供可视化空间地理信息服务。

（三）VR－GIS

VR－GIS 作为 GIS 研究发展的重要分支之一，在很多领域都有广泛的应用，如三维虚拟数字城市、三维数字小区、景观设计、城市规划系统、库区管理、油气勘探及消防指挥等。

三维虚拟数字城市是在综合运用数字摄影测量技术、三维地理信息系统技术、计算机可视化技术和数据库技术基础上，对城市范围内的高分辨率航空影像、数字高程模型、三维建筑物数据、属性数据和其他数据进行处理的三维地理模型。

它提供了整个城市三维真实景观，沿任意路径可对三维城市进行任意角度的漫游；可为城市灯光效果设计、道路交通导航、城市基础设施及城市建设日照分析等应用提供三维地理信息服务。利用三维数字城市可以查询数字城市中相关建筑物的属性信息；能在计算机上显示透视立体。能够制作三维城市模型的透视图、并录制动画播放文件；能以多种格式输出任意范围、任意类型组合的数据，满足其他场合应用需要等。

三维数字小区是数字化城市建设的重要内容，它主要应用在房地产和市民购房、物业管理公司等领域。基于三维虚拟大屏幕系统，可以开发具有三维虚拟现实漫游数字模型、用户属性查询、楼盘位置、交通状况、网上浏览咨询等功能的三维数字小区。VR－GIS 为城市规划设计带来了数字化的思维及设计方式，利用数字化技术进行城市规划，使传统的城市规划理论、方法和技术都面临更新。

目前，城市规划主要依赖于手工作图，其主要工作是绘制草图、效果图。但是现有的基于二维的城市规划系统表示实际的三维事物具有很大的局限性，大量的多维空间信息无法得到利用。VR－GIS 使得城市规划可视化效果更加真实，因此它成为规划与设计人员的有力工具。

VR－GIS 是地理信息科学的前沿领域之一，它的发展与地理信息系统、虚拟现实、遥感和可视化等技术的研究和发展密不可分。目前，VR－GIS 还处在其发展的初级阶段，但 VR－GIS 的重大经济意义和社会效益是不言而喻的，因此具有广阔的发展前景。

# 第八章　地理信息系统的应用

## 第一节　3S 集成技术及应用

3S 集成是指将全球定位系统(GPS)、遥感(RS)和地理信息系统(GIS)技术根据应用需要,有机地组合成一体化的、功能更强大的新型系统的技术和方法。在实际应用中,较为常见的是 3S 两两之间的集成、如 GIS/RS 集成、GIS/GPS 集成以及 RS/GPS 集成。

### 一、地理信息系统与遥感技术结合

(一)遥感的感念

遥感(Remote Sensing),通常是指通过某种传感器装置,在不与研究对象直接接触的情况下,获得其特征信息,并对这些信息进行提取、加工、表达和应用的一门科学技术。而遥感技术的基础,是通过观测地表物体发射(反射)的电磁波,达到判读和分析地表的目标以及现象的目的。

作为一个术语,“遥感”出现于 1962 年,而遥感技术在世界范围内迅速的发展和广泛的使用,是在 1972 年美国第一颗地球资源技术卫星 LANDSAT－1 成功发射并获取了大量的卫星图像之后。近年来,随着地理信息系统技术的发展,遥感技术与之紧密结合,发展更加迅猛。

(二)GIS 与 RS 集成的实现

RS 与 GIS 集成后,遥感数据是 GIS 的重要信息来源,GIS 则可作为遥感图像分析解译的强有力的辅助工具。GIS 作为图像处理工具,可以进行几何纠正和辐射纠正、图像分类和感兴趣区域选取;遥感数据作为 GIS 的重要信息来源,可以进行地物要素提取、DEM数据生成以及土地利用变化和地图更新等。

1.GIS作为图像处理工具

将GIS作为遥感图像的处理工具,可以在以下几个方面增强对图像的处理功能。

(1)几何纠正和辐射纠正。在遥感图像的实际应用中,需要首先将其转换到某个地理坐标系下,即进行几何纠正。通常的几何纠正方法是利用采集地面控制点,建立多项式拟合公式。在纠正完成后,可以将矢量点叠加在图像上,以判断纠正的效果。

一些遥感影像,会因为地形的影响而产生几何畸变,如侧视雷达图像的叠掩、阴影、前向压缩等,进行纠正、解译时,需要使用DEM数据以消除畸变。

(2)图像分类。对于遥感图像分类,与GIS集成最明显的好处是训练区的选择,通过矢量/栅格的综合查询,可以计算多边形区域的图像统计特征,评判分类效果,进而改善分类方法。

(3)感兴趣区域的选取。在一些遥感图像处理中,常常需要对某一区域进行运算,以提取某些特征,这需要栅格数据和矢量数据之间进行相交运算。

2.遥感数据作为GIS的信息来源

数据是GIS中最为重要的成分,而遥感提供了廉价的、准确的、实时的数据,目前如何从遥感数据中自动获取地理信息依然是一个重要的研究课题,包括如下。

(1)线形以及其他地物要素的提取。在图像处理中,有许多边缘检测(Edge Detection)滤波算子,可以用于提取区域的边界(如水陆边界)以及线形地物(如道路、断层等),其结果可以用于更新现有的GIS数据库,该过程类似于扫描图像的矢量化。

(2)DEM数据的生成。利用航空立体像对(Stereo Images)以及雷达影像,可以生成较高精度的DEM数据。

(3)土地利用变化以及地图更新。利用遥感数据更新空间数据库,最直接的方式就是将纠正后的遥感图像作为背景底图,并根据其进行矢量数据的编辑修改。而对遥感图像数据进行分类,得到的结果则可以添加到GIS数据库中。因为图像分类结果是栅格数据,所以通常要进行栅格转矢量运算;如果不进行转换,可以直接利用栅格数据进行进一步的分析,则需要GIS系统提供栅格/矢量相交检索功能。

## 二、地理信息系统与全球定位系统集成技术

1.全球定位系统的概念

全球定位系统(Global Positioning System,GPS)是利用人造地球卫星进行点位测量导航技术的一种,其他的卫星定位导航系统有俄罗斯的GLONASS、欧洲空间局的NAVSAT、国际移动卫星组织的INMARSAT等。GPS由美国军方组织研制建立,从1973年开始实施,到20世纪90年代初完成。

2.GIS与GPS集成的实现

作为实时提供空间定位数据的技术,GPS可以与地理信息系统(GIS)进行集成,以实现不同的具体应用目标。

(1)定位。主要在诸如旅游、探险等需要室外动态定位信息的活动中使用。通过将GPS接收机连接在安装GIS软件和该地区空间数据的便携式计算机上,可以方便地显示GPS接收机所在位置,并实时显示其运动轨迹,进而可以利用GIS提供的空间检索功能,得到定位点周围的信息,从而实现决策支持。

(2)测量。主要应用于土地管理、城市规划等领域,利用GPS和GIS的集成,可以测量区域的面积或者路径的长度。该过程类似于利用数字化仪进行数据录入,需要跟踪多边形边界或路径、采集抽样后的顶点坐标,并将坐标数据通过GIS记录,然后计算相关的面积或长度数据。

在进行GPS测量时,要注意以下一些问题:首先,要确定GPS的定位精度是否满足测量的精度要求,如对宅基地的测量,精度需要达到厘米级,而要在野外测量一个较大区域的面积,米级甚至几十米级的精度就可以满足要求;其次,对不规则区域或者路径的测量,需要确定采样原则,采样点选取的不同,会影响到最后的测量结果。

(3)监控导航。主要应用于车辆、船只的动态监控,在接收到车辆、船只发回的位置数据后,监控中心可以确定车船的运行轨迹,进而利用GIS空间分析工具,判断其运行是否正常,如是否偏离预定的路线、速度是否异常(静止)等。在出现异常时,监控中心可以提出相应的处理措施,包括向车船发布导航指令。

图8-1描述了GIS与GPS集成的系统结构模型,为了实现与GPS的集成,GIS系统必须能够接收GPS接收机发送的GPS数据(一般是通过串口通信),然后对数据进行处理,如通过投影变换,将经纬度坐标转换为GIS数据所

采用的参照系中的坐标，最后进行各种分析运算，其中，坐标数据的动态显示以及数据存储是其基本功能。

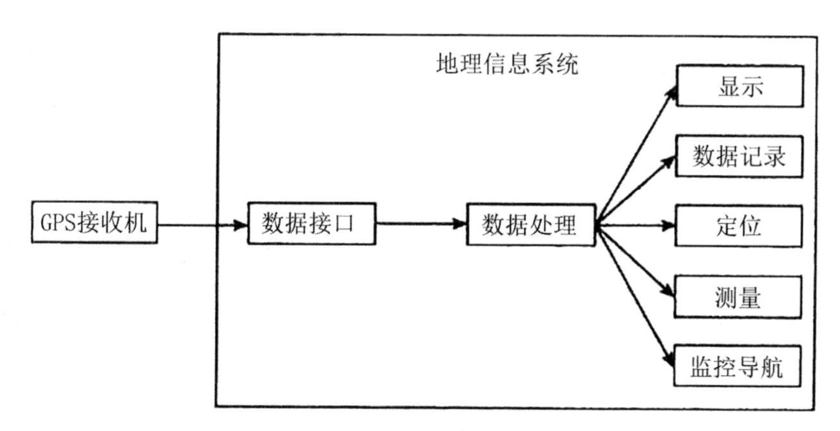


图 8－1　GIS 与 GPS 集成的系统结构模型

## 三、全球定位系统与遥感技术的结合

全球定位系统与遥感技术相结合的应用主要表现在以下几个方面。

(1)为遥感图像几何校正提供地面控制点。遥感影像的几何校正需要地面控制点(GCP)，地面控制点应选用图像上易分辨、较精细、容易目视辨别的特征，如道路交叉点、河流弯曲或分叉处、海岸线弯曲、湖泊边缘、飞机场及城郭边缘等。GPS 可以实时、准确、快速地测出地面控制点的坐标，为遥感影像的几何校正服务，这是传统测绘方法无法做到的。

(2)航空遥感中航线的控制。航空遥感中，飞机的姿态、飞行路线的控制对遥感任务是非常重要的。尤其是在多航线的面状遥感任务中，航线与航线之间的影像拼合主要取决于飞行路线的控制。

全球定位系统可提供精确导航，使得航线之间平行，为遥感影像的高精度拼接和几何校正提供保证。

(3)GPS 气象遥感技术。利用 GPS 气象遥感技术(利用 GPS 卫星和接收机之间无线电讯号在大气电离层和对流层中的延迟时间)，了解电离层中电子浓度和对流层中温度湿度，获得大气参数及其变化情况，因此，目前建立和正在建立的全球许多 GPS 观测网将对天气预报尤其是短期天气预报发挥巨大作用。

## 四、3S 集成技术及应用

3S 技术为科学研究、政府管理、社会生产提供了新一代的观测手段、描述语言和思维工具。3S 结合的应用，取长补短，是一个自然的发展趋势，三者之间的相互作用形成了“一个大脑，两只眼睛”的框架，即 RS 和 GPS 向 GIS 提供或更新区域信息以及空间定位，GIS 进行相应的空间分析（图 8－2），以从 RS 和 GPS 提供的浩如烟海的数据中提取有用信息，并进行综合集成，使之成为决策的科学依据。

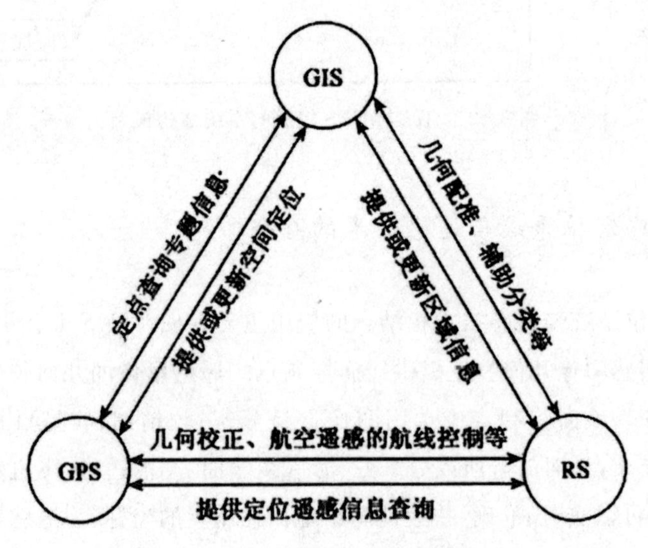


图 8－2　3S 的相互作用与集成

### （一）3S 集成的应用

近年来，3S 集成的应用已经遍及环保、防震减灾、交通、水利、电信、电力、农业、地矿等行业，并得到了广泛应用，在城市管理信息系统、农业管理信息系统、环境及生态管理信息系统及土地退化、沙漠化治理等方面，也有着成功的应用经验。

1.环境动态监测与环境保护

遥感技术是环境动态监测的重要手段，通过地球观测卫星或飞机，从高空观测地球，监测的区域范围大，获取环境信息快速准确，能够及时发现陆地淡水和海水的污染、大面积空气污染、南北极冰雪覆盖范围的变化、森林大火、火山喷发、洪水淹没区域等。由此获得的环境动态观测数据，通过地理信息系统快速处理和分析，能够及时发现环境的变化，同时利用 GPS 的快速定位功能，便于采取措施控制环境污染，最大限度避免环境危害，达到保护环境的目的。

2.防灾、减灾、救灾

在地震预报中，应用 GPS 技术进行精密的大地测量基准研究，以此为地球动力学研究、地壳形变和地震预报服务。

用遥感方法监测地温变化，已成为很有发展前途的地震预报手段之一。

地理信息系统可以对自然灾害信息进行查询分析，尤其在自然灾害损失评估中具有重要作用。

RS、GIS 和 GPS 的集成将为灾害预测预报、制定防灾救灾预案、灾期应急行动指挥、灾后损失评估和治灾工程规划提供现代化的科学手段。

3.车辆导航与监控系统

车辆导航与监控系统是一项融 GPS、GIS、RS 及通信技术为一体的复杂系统，它通过对车辆(移动目标)的导航、动态跟踪、监控、检查与服务等机制，来完成对车辆的综合管理与控制。目前，这类系统已经在国内外不少城市使用，它备受公安、银行、保安、出租车管理等部门的青睐。系统中，遥感的数字图像方式提供了城市范围内道路与相关因子动态变化信息，在 GIS 中作为电子数字地图使用，也可用遥感图像更新道路数据库。

GPS 提供了车辆目前所处的精确位置，在 GIS 支持下，可在显示器上以“点”状符号的形式直观地为司机指明当前车辆位置，并可以通过无线集群通信网将位置信息接入控制中心局域网，车辆导航与监控系统服务器接收各个移动车辆的位置信息，并分发给与其相连的各个操作台(图 8—3)。

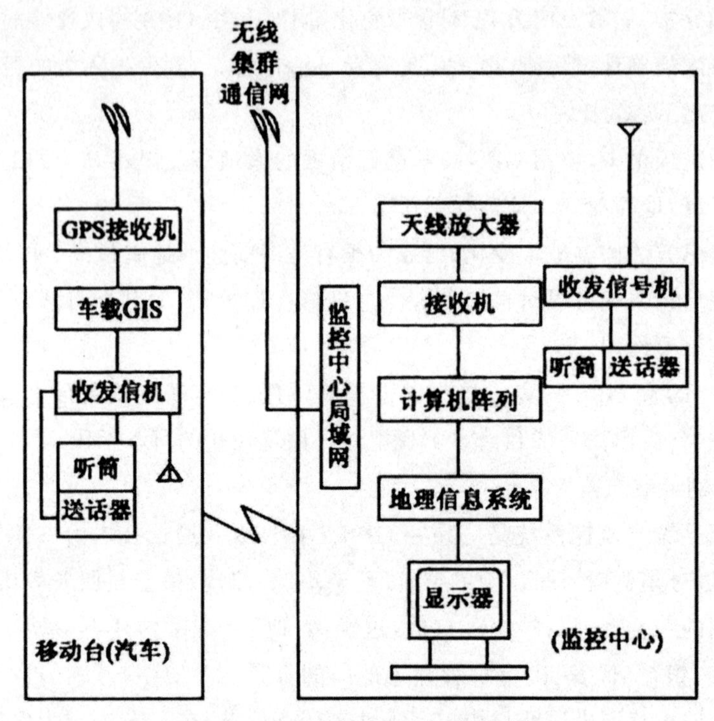


图 8—3　车辆导航与监控系统结构图

GIS 安装在管理操作台与监视操作台上，可把 GPS 定位信息表现在电子地图相应位置上，进而实现各种车辆信息的管理、显示和分析，为管理人员和司机提供辅助决策，在有突发事件时，它可以快速在地图上准确标出各个移动车辆的当前位置，为公安快速反应、交通调度管理、车辆报警求援提供帮助。以上各项技术各有侧重，相互补充，共同完成车辆导航与监控系统承担的各项任务。

4.精细农业发展

目前，国内外关于精细农业的研究主要内容仍然集中在 3S 技术利用上。可以说，精细农业的发展起步不久，3S 技术在精细农业示范应用中预示了良好的发展前景。在 3S 技术支持下的精细农业具有技术性强、定量化、定位化等特点。

全球定位系统的优势是精确定位，地理信息系统的优势是管理与分析，遥感的优势是快速提供各种作物生长与农业生态环境在地表的分布信息，它们可以做到优势互补，促进精细农业的发展。其中，GPS 和 GIS 的结合提供了科学种田需要的定位、定量的田间操作和田间管理的技术手段；GPS 确定拖拉机和联合收割机在田间作业中的精确位置；GIS 对各种田间数据进行处理和定量分析。

例如,GIS 能够根据地块中土壤特性(土壤结构和有机质含量)和土地条件(土地平整度和灌溉),结合 GPS 接收机提供的位置数据,指挥播种机进行定量播种,播种的疏密程度与土地肥力和土壤质地等作物生长环境相适应。在 GIS 和 GPS 指挥下,农药喷洒机可以在病虫害发生地自动喷洒农药。

RS 和 GIS 的结合能提供建立农田基础数据库所需的多种数据源。搭载在拖拉机和联合收割机上的 GIS 可以记录各种农田操作过程中获得的数据,如作物品种、播种深度、喷洒农药类型、施肥和灌溉以及收获产量,同时记录下田间作业时的位置与范围、灌溉量、化肥使用量、农药喷洒量、喷施部位、使用时间、当时天气状况,这些都可以记录在数据库内,日积月累,形成农田基础数据库,作为辅助决策支持系统的重要科学依据。

(二)3S 集成的意义

3S 集成技术的发展形成了综合的、完整的对地观测系统,提高了人类认识地球的能力;相应地,它拓展了传统测绘科学的研究领域。同时,它也推动了其他一些相联系的学科的发展,如地球信息科学、地理信息科学等,它们成为“数字地球”这一概念提出的理论基础。

## 第二节　网络地理信息系统及应用

### 一、网络 GIS(Web GIS)概述

1.互联网

互联网(Internet)或称因特网是全球最大的、开放的、由众多位于世界各地的计算机和计算机网络利用高速通信线路连接在一起进行各种信息交换的计算机网络,它的核心是开放的 TCP/IP 协议。Internet 被认为是未来信息高速公路的雏形,它能提供多种信息服务,主要有电子邮件(E－mail)、远程登录(Telnet)、文件传送协议(FTP)、电话拨号连接(Dial－up Connection)等。Internet 网络的特点可归纳如下。

(1)跨地域性。Internet 网络的发展速度非常惊人,基本覆盖了全世界绝大部分国家。

(2)Internet 是通信技术、计算机技术和信息技术发展的完美结合。

(3)信息资源共享。信息数据库将被每个上网的人共享使用,大大提高了信息资源的利用率。

(4)通信协作。Internet 网上数据的传送需要多台服务器的共同协作才能完成。

世界各国目前对互联网的发展都极为重视,互联网已经在世界各地普及和使用。例如,互联网在新西兰已经成为一种公认的、通用的数据交换手段,政府、商业机构和教育团体均积极地发展网页;国际南极信息中心的主页允许浏览者获得大量有价值的臭氧层信息、天气变化模式等信息;在北美,当人们需要某些地理数据,了解 GIS 有关技术的发展,寻找各种服务,甚至找工作的时候,首先去查找的地方就是互联网。

2.万维网

万维网(World Wide Web,WWW)又称环球网。万维网的历史很短,1989 年 CERN(欧洲粒子物理实验室)的研究人员为了研究的需要,希望能开发出一种共享资源的远程访问系统,这种系统能够提供统一的接口来访问各种不同类型的信息,包括文字、图像、音频、视频信息等。1990 年完成了最早期的浏览器产品,1991 年开始在内部发行 WWW,这就是万维网的开始。目前,大多数知名公司都在 Internet 上建立了自己的万维网站。

万维网的出现,具有划时代的意义,它使 Internet 的应用走出专业化,进入千家万户。万维网是基于 Internet 的一种网络应用模式,是一种分布式多媒体超文本系统,它将不同的但彼此相关的信息通过链接以超文本的形式组织在一起。万维网服务是目前 Internet 上最重要也是发展最迅速的应用,网络用户可以通过一个网络浏览器(如 Microsoft Internet Explorer)来阅读文字、观看图像、欣赏音乐,通过万维网,可以得到世界各地各种各样的信息。

万维网对文件有特殊的要求:

(1)文件都必须有一个被称为全球资源定位器(Universal Resource Locator)的唯一地址。

(2)文件是用超文本标记语言(Hypertext Markup Language)专门构建的。

(3)文件中可包含超级链接(Hyper Link),即从一个文件直接跳到其他文件,可以在文件之间跳跃。

因此,网络浏览器可以通过超级链接方式来存取互联网中任何一台计算机中的由 URL 定位的信息。基于 Web 实施信息管理、发布、服务已成为企业步入信息化时代的必经之路。

3.Web GIS 技术介绍

互联网的迅速崛起和在全球范围内的飞速发展，使万维网成为高效的全球性信息发布渠道。

随着 Internet 技术的不断发展和人们对地理信息系统的需求，利用 Internet 在 Web 上发布和出版空间数据，为用户提供空间数据浏览、查询和分析的功能，已经成为 GIS 发展的必然趋势。于是，基于 Internet 技术的地理信息系统——Web GIS 就应运而生。

互联网地理信息系统是 Internet 技术应用于 GIS 开发的产物，是一种基于 Internet 的开放地理信息系统。GIS 通过网络使功能得以扩展，真正成为一种大众使用的工具。从万维网的任意一个节点，Internet 用户可以浏览 Web GIS 站点中的空间数据、制作专题图以及进行各种空间检索和空间分析，从而使 GIS 进入千家万户。以 Web 作为 GIS 的用户界面，将一改以往 GIS 软件用户界面呆板生硬的面孔，更利于 GIS 大众化。

传统 GIS 大多为独立的单机结构，空间数据采用集中的方式处理，而 Web GIS 采用了基于 Internet 网的 Client/server(客户/服务器)体系结构，不同部门数据可以分别存储在不同地点的 Server 上，每个 GIS 用户作为一个 Client 端通过互联网与 Server 交换信息，可以与网上其他非 GIS 信息进行无缝连接和集成。Web GIS 可以实现对各种传统 GIS 系统数据的相互操作和共享，以便充分利用现有的数据资源。Web GIS 还可以用于 Intranet(局域网)，以建立各部门内部的网络 GIS、实现局部范围内的数据共享。Web GIS 不但改变了传统 GIS 的设计、开发和应用方法，而且完全改变了空间数据的共享模式。万维网地理信息系统最终目标是实现 GIS 与网络技术的有机结合，GIS 通过网络成为大众使用的技术和工具。

4.Web GIS 的特点

与传统的地理信息系统相比，Web GIS 不同之处主要表现在：

(1)它是基于网络的客户机/服务器系统，而传统的 GIS 大多数为独立的单机系统；

(2)它利用因特网来进行客户端和服务器之间的信息交换，这就意味着，信息的传递是全球性的；

(3)它是一个分布式系统，用户和服务器可以分布在不同地点和不同的计算机平台上。

万维网地理信息系统是地理信息系统在万维网上的实现，是利用万维网技术对传统地理信息系统的改造和发展。与传统的基于桌面或局域网的GIS相比，Web GIS具有以下优点。

(1)更广泛的访问范围。客户可以同时访问多个位于不同地方的服务器上的最新数据，而这一Intranet所特有的优势大大方便了GIS的数据管理，使分布式的多数据源的数据管理和合成更易于实现。

(2)平台独立性。无论服务器/客户机是何种机型，无论Web GIS服务器端使用何种GIS软件，由于使用了通用的Web浏览器，用户就可以透明地访问Web GIS数据，在本机或某个服务器上进行分布式部件的动态组合和空间数据的协同处理与分析，实现远程异构数据的共享。

(3)可以大规模降低系统成本和减少重复劳动。普通GIS在每个客户端都要配备昂贵的专业GIS软件，而用户使用的经常只是一些最基本的功能，这实际上造成了极大的浪费。Web GIS在客户端通常只需使用Web浏览器(有时还要加一些插件)，其软件成本与全套专业GIS相比明显要节省得多，同时也可减少不同部门因数据的重复采集而带来的重复劳动。另外，由于客户端的简单性而节省的维护费用也不容忽视。

(4)更简单的操作。要广泛推广GIS，就要降低对系统操作的要求，使GIS系统为广大的普通用户所接受，而不仅仅局限于少数受过专业培训的专业用户。

## 二、Web GIS设计思想

目前有多种技术方法被应用于研制Web GIS，包括CGI(Common Gateway Interface，通用网关接口)方法、服务器应用程序接口(Server API)方法、插件(Plug－ins)法、Java Applet方法以及Active X方法等。

1.CGI方法

CGI是较早应用于Web GIS开发的方法，它建立了Internet服务器与应用程序之间的接口。基于CGI的Web GIS是按照如下方式实现WWW交互的：用户发送一个请求到服务器上，服务器通过CGI把该请求转发给后端运行的GIS应用程序中，由应用程序生成结果交还给服务器，服务器再把结果传递到用户端显示。

这种技术的优势表现在：所有的操作、分析由服务器完成，因而客户端很小；有利于充分利用服务器的资源，发挥服务器的最大潜力；客户机使用的支持标准 HTML 的 Web 浏览器,因此客户端与平台无关。

劣势表现在:用户的每一步操作,都需要将请求通过网络传给 GIS 服务器,GIS 服务器将操作结果形成新的栅格图像,再通过网络返回给用户,这大大增加了网络传输的负担;所有的操作都必须由 GIS 服务器解释执行,服务器的负担很重;对每个客户机的请求,都要重新启动一个新的服务进程,当有多用户同时发出请求时,系统的功能将受到影响;浏览器上显示的是静态图像,要在浏览器上实现原有的许多操作变得很困难,影响 GIS 资源的有效使用。

2.Server API 方法

Seiner API 的基本原理与 CGI 类似,所不同的是,CGI 程序是可以单独运行的程序,而基于 Server API 的程序则必须在特定的服务器上运行,如微软的 ISAPI 只能在 Windows 平台上运行。基于 Server API 的动态连接模块启动后一直处于运行状态,而不像 CGI 那样每次都要重新启动,所以其速度较 CGI 快得多。

因此,它的优点是速度要比 CGI 方法快得多,缺陷在于它依附于特定的服务器和计算机平台。

3.Plug—in 方法

基于 CGI 和 Server API 的 Web GIS 系统传给用户的信息是静态的,用户的 GIS 操作都需要由服务器来完成。当互联网流量较高时,系统反应会很慢。解决这一问题的方法之一是把一部分服务器的功能移到用户端,这样不仅可以大大加快用户操作的反应速度,而且也减少了互联网上的流量和服务器的负载。插件方法(Plug—in)是由美国网景公司(Netscape)开发的增加网络浏览器功能的方法。

Plug—in 克服了 HTML 的不足,比 HTML 更灵活,用户端可直接操作矢量 GIS 数据,无缝支持与 GIS 数据的连接,实现 GIS 功能。由于所有的 GIS 操作都是在本地由 GIS 插件完成,因而运行的速度快。服务器仅需提供 GIS 数据服务,网络也只需将 GIS 数据一次性传输,服务器的任务很少,网络传输的负担轻。

这种模式的不足之处是:GIS 插件与客户端平台、GIS 数据类型密切相关,即不同的 GIS 数据、不同的操作系统、不同的浏览器需要有各自不同的 GIS 插件支持;插件需要先下载安装在客户机的浏览器上再使用。

4.Active X 方法

微软公司的 Active X 是一种对象链接与嵌入技术(OLE),可应用于

Internet 的开发，它的基础是 DCOM(Distributed Common Object Model，分布式组件对象模型)，DCOM 本身并不是一种计算机编程语言，而是一种技术标准。组件对象模型 DCOM 和 Active X 控件技术方法具备构造各种 GIS 系统功能模块的能力，利用这些技术方法和与之相应的 OLE(对象链接与嵌入)、SDE(空间数据引擎)技术方法相结合，可以开发出功能强大的 Web GIS 系统。

利用 Active X 构建 Web GIS 的优点是执行速度快。由于 Active X 可以用多种语言实现，这样就可以复用原有 GIS 软件的源代码，提高了软件开发效率。缺点是：目前只有 IE 全面支持，在 Netscape 中必须有特制的 Plug－in 才能运行，兼容性差；只能运行于 MS－Windows 平台上，需要下载，占用客户端机器的磁盘空间；由于可以进行磁盘操作，其安全性较差。

5.Java Applet 方法

Java 语言是美国 Sun 公司推出的基于网络应用开发的面向对象的计算机编程语言，具有跨平台、简单、动态性强、运行稳定、分布式、安全、容易移植等特点。Java 程序有两种，一种可以像其他程序语言编写的程序一样独立运行；另一种称为 Java Applet，只能嵌入在 HTML 文件中，在网络浏览器下载该 HTML 时，Java 程序的执行源代码也同时被下载到用户端的机器上，由浏览器解释执行。

Java AppIet 的优点是：体系结构中立，与平台和操作系统无关；动态运行，无需在用户端预先安装；服务器和网络传输的负担轻，服务器仅需提供 GIS 数据服务，网络只需将 GIS 数据一次性传输；GIS 操作速度快。缺点是：使用已有的 GIS 操作分析资源的能力弱，处理大型的 GIS 分析能力(空间分析等)的能力有限，无法与 CGI 模式相比；GIS 数据的保存、分析结果的存储和网络资源的使用能力受到限制。

## 三、Web GIS 应用前景

Web GIS 使 GIS 应用走向公众，通过网络，可以将空间信息传至千家万户，如美国纽约州某县通过电视有线网，向公众发布城市和土地等信息；中国香港旅游局建立的旅游信息系统，其基础数据直接来源于香港地政署的大型空间数据库，旅游信息则由旅游协会提供，在尖沙咀等旅游热点安装触摸屏，游客可以通过它直接了解香港地理环境和查询旅游信息。

Web GIS 的数据传输量很大，目前 Internet 的速度还不能完全满足需求。

1997 年 2 月，美国总统克林顿提出“建立快 1000 倍的第二代互联网络，让 12 岁以上的青少年人人都上互联网”。微软正在实施的一项计划中准备发射 840 多颗人造地球卫星，这些卫星将用于取代光纤进行 Internet 数据传输。可以预见，随着 Internet 技术的发展，Web GIS 应用终将走上普通人的办公桌、走进千家万户的家用电脑，与 Internet 本身一样成为人们日常生活必不可少的实用工具。

Web GIS 还可以应用于 Internet 建立企业/部门内部的网络 GIS，可以在科研机构、政府职能部门、企事业单位得到广泛应用。Web GIS 提供了一种易于维护的分布式 GIS 解决方案。尽管目前的 Web GIS 软件提供的空间分析功能很难满足专业应用的需要，但是随着技术的发展，Web GIS 终将取代传统的 GIS。

## 第三节　地理信息系统在国土、测绘等行业中的应用

由于 GIS 是用来管理、分析空间数据的信息系统，所以几乎所有的使用空间数据和空间信息的部门都可以应用 GIS，如资源管理、城乡规划、测绘制图、灾害监测、环境保护、政府宏观决策等部门。本节介绍了一些 GIS 应用实例，可以对相关领域的 GIS 建设提供借鉴。

### 一、城市规划、建设管理

城市是人类活动高度集中的区域，同时也是信息、物质高度集中的区域。随着科技的进步和经济的发展，城市系统越来越复杂，数据和信息越来越多，服务要求越来越高，城市管理面临着新的挑战。为了城市的现代化、生态平衡和持续发展，城市需要全面的规划，而地理信息系统给城市的规划和管理带来了新的工具。

城市建设规划涉及的因素非常多，开发新城要征用土地，改建旧城要拆迁安置，同时需要基础设施、公共服务设施的配套。在开发建设活动中，如果不注意各工程项目之间的协调，就可能造成混乱，而采用 GIS 对各种信息进行管理，并基于此进行分析和辅助决策，可以有效地防止这种混乱局面的出现。由于城市在不断地建设发展，所以需要随时更新城市基础数据库，这就要求应用 GIS 管理日常城市建设活动，以保证信息的时效性。

城市地理信息系统在很多方面发挥了作用，主要可以分为三个方面的活动。

1.地图更新

城市建设中常用地图分为三种。

(1)地籍房产图，由政府税务部门负责编制。当地块边界或地块权属发生变化、地块内再划分、公共道路的拓宽、小地块合并等情况发生时，需要地图的更新。

(2)一般的测绘图，由政府市政工程部门负责编制。通常在下列情况下，需要更新地面重要物体边界变化；重新测量，纠正过时的内容；更新道路打通、拓宽等变化；更新地块的合并或重划分；更新街道名称改变；更新地图上的错误纠正等。

(3)土地使用图，这种地图反映土地的实际用途，也反映了主要的地块边界，一般由城市规划部门负责编制，主要为城市规划服务。当发生诸如房屋的拆除和重建、房屋改变用途、地块边界改变、地块重新划分、地块兼并、道路变化、道路名称的修改、地图错误纠正等情况时，需要地图的更新。

以上三种地图由三个相互独立的部门各自负责，在信息上存在很多重复内容，在地图更新时也需要大量的重复工作。在建立城市地理信息系统之后，三种地图上各类信息的更新工作明确地分配到三个部门，三种数字化地图集中地存放于数据库中，实现数据共享，每个部门对数据的修改内容可以被其他部门得到，减少了数据冗余和重复工作。

2.土地区划管理

土地区划管理一般先由城市规划部门编制土地使用规划，经批准后再制定区划。区划的形式为文本和图件，它是城市建设和审批修建申请的依据。

土地区划图分为用途图、范围图和高度图。用途图用于限制和规定相冲突的土地利用，如不准贴近主要交通干道修建大型商业设施等；范围图对建筑之间的距离以及建筑后退道路等做出了规定；高度图则规定了建筑本身的高度、相邻建筑在高度上的相互关系的限制。

在采用 GIS 后，这三种区划图分为三个图层进行管理，并可以叠加在一起显示，避免各个部门数据不一致的情况。此外，可以很方便地检查规划图的错误，避免法律上的纠纷，也便于税收部门查询地产信息，调整对土地所有者的税收。

3.建筑审批处的内部工作管理

每个建筑物在修建之前，必须经过政府主管部门批准，由于申请非常多，并且需要实地勘察，工作繁重，于是，如何分配并确定每个经办人员的工作，以充分调动每个人的积极性，成为一个难题。在建立地理信息系统后，修建项目申请卡片被记录到属性数据库中，其中的建筑物地址属性与地块空间数据相关联，这样可以很方便地将一定时期内所有的修建申请的位置分布显示在地图上，可以方便地根据申请量的多少、到市中心的距离、前往勘察的边界程度，划分每个工作人员的负责范围，提高了工作效率，改善了建筑审批处的内部管理。

## 二、地震灾害和损失估计

对地震灾害以及地震次生灾害的评估，对于一个区域的危险降低、资源分配以及紧急响应规划具有重要的意义。而通过存储和分析地质构造信息，利用GIS可以预测地震发生的"场景"，并估计该区域由于地震引发的潜在损失。此外，GIS也提供了有力的工具。使得在地震实际发生时，分析灾害严重程度的空间分布，帮助政府分配紧急响应资源。

进行地震灾害评估时要综合考虑地质构造等各种信息的空间分布，通常包括以下内容。

1.估计地表震动灾害

需要识别地震源点，然后建立在该点发生地震以及地震波传播的模型，最后根据地表的土壤条件得到最终的震动强度。

2.估计次生的地震灾害

次生的地震灾害包括液化、滑坡、断裂等。评估这些灾害，需要收集相应区域的地质构造信息，计算地表运动的强度和持续时间以及在以前的地震发生过程中这些灾害发生的情况。

3.估计对于建筑物的损害

需要收集地震区域内建筑和生命线的分布状况，然后对每种建筑建立损害模型，该模型是一个函数，与地表震动强度以及潜在的次要灾害有关。

4.估计可以用金钱衡量和不可以用金钱衡量的损失

可以用金钱衡量的损失包括受损建筑的修复和重建，而不可以用金钱衡量的损失包括人员伤亡，估算这些损失需要相应的社会经济信息。此外，清除垃圾和重新安置费用、失业、精神影响以及其他长期或短期的影响，需要建立不同的模型，分别加以确定。

在地震损失评估中，用到了多种空间信息，如地质构造，建筑等，因此 GIS 成为非常理想的进行地震损失评估的工具。

通常，地表震动强度可以根据震源位置以及地震波传播公式计算，而次生灾害以及建筑物的损害则要根据相关的图件进行计算，并基于上述计算的结果来评估金钱损失和非金钱损失。在分析过程中，由于地震强度以及破坏程度随着到震源的距离增大而衰减，所以要采用缓冲区计算模型；而在计算金钱损失以及非金钱损失时，因为要综合考虑多个因素，所以要使用叠加复合模型。

## 三、地籍管理信息系统

将 GIS 技术应用于地籍管理而生成的地籍管理系统，具有对地籍信息进行采集输入、加工处理、存储管理、空间综合分析、辅助决策、信息交换和输出等功能，提高了土地管理部门工作效率，使其从传统的手工操作过渡到微机化、信息化管理。

### (一)系统目标

系统设计时，应充分考虑地籍管理工作的特点，要求系统的实用性、可操作性及可靠性强，以简单性、实用性、可扩充性以及可靠性为系统设计的目标和考核指标，能将本部门的管理事务纳入新的技术领域，使信息查询、检索、显示、更新和图形、表格、文字输出实现自动化，提高土地管理事务的水平。

### (二)系统分析

根据地籍管理工作的要求和地籍管理信息系统的特点，地籍管理信息系统按行政区域可分为四级，即县(市)级、地市级、省级和国家级。地籍管理工作的业务要求土地管理部门必须按国家统一规定进行，保证地籍资料的可靠性和精确性，保证地籍工作的连续性，保证地籍工作的概括性和完整性，因此，各功能模块的设计要能满足各种工作要求。

地籍信息管理的业务要求对系统的总体功能提出严格的层次要求如下。

(1)利用初始登记与变更登记功能，可完成申请受理、调查、审核、注册、颁证、归档等日常管理工作，并适时进行表、证、卡的打印输出。

(2)利用查询、统计功能，可按一个或多个条件的组合进行所需宗地信息，如使用者、地类、街道、宗地面积、统编号、宗地位置、单位性质等信息的查询。

可进行分区面积汇总、土地分类面积统计，并用柱状图、饼状图、曲线图等形式对统计汇总结果进行直观表示。

(3)利用图数互查功能，既可根据宗地号查询相应的宗地图信息，又可根据图形查询宗地的属性信息，包括宗地的申请表、审批表、登记卡、界址点线信息等。

(4)利用输出功能，可打印输出初始登记表、变更登记表、宗地图以及其他证、卡等，另外，还可打印、查询、统计结果和绘制标准地籍图。

为了更好地解决这一问题，需要进一步用系统方法、层次方法、结构分析方法、功能分析方法进行分析归纳，将总体功能分解到各功能模块。用系统方法分析系统各要素之间的关系，揭示信息流向；用层次方法把整个系统分解成功能不同的子系统，并分析各子系统间的关系；用结构分析方法研究系统的整体结构、子系统结构，并进行结构优化；用功能分析方法研究系统的输入、输出和其他的操作行为与结果。在此基础上，按照综合集成的思想，设计地籍管理信息系统的功能结构(图 8－4)。

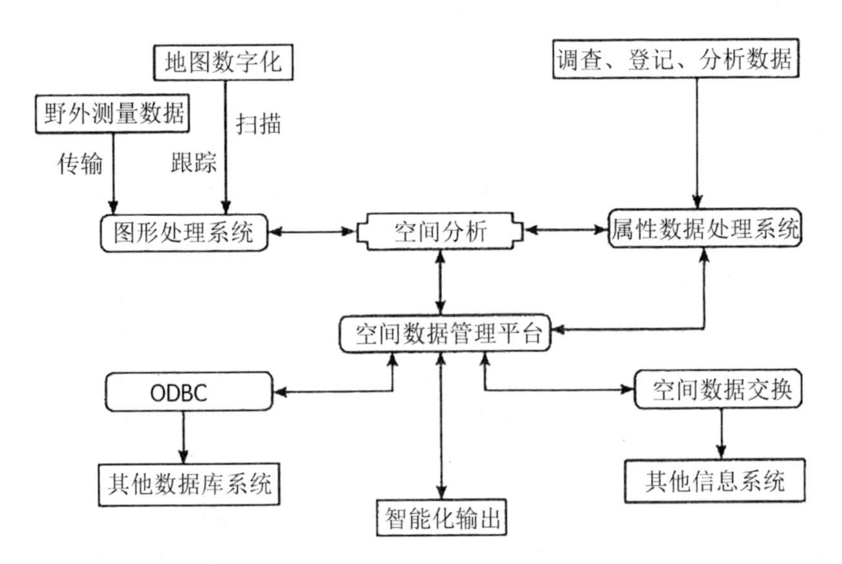


图 8－4　地籍管理信息系统总体功能结构框架

(三)系统组成及结构

1.数据来源及数据预处理

原始数据来源不同、结构复杂，其基础数据主要包括区域背景数据的基础底图、行政区划图、土地利用图以及城市规划图等，以及地籍基础资料的宗地界址点、坐标、界址点号、宗地号、界址线、地籍图等空间数据和相应的文本数据。而系统的数据采集，主要是完成地籍调查数据的输入、成图与维护等工作。

为保证数据的唯一性和完备性，在录入前要进行预处理。

(1)制定规范的编码体系，建立标准、规范的空间控制点文件，建立每一数据层与控制点间的对应关系，空间信息分层数字化，建立图形编辑及空间拓扑关系，通过坐标转换将所有空间数据层转换到共有的坐标系下，空间属性信息汉化处理。

(2)属性数据的标准化。

(3)图片的标准化。

2.数据库的建立

对任何信息系统而言，其核心模块都是面向不同服务对象的数据库，数据库质量的优劣直接影响着系统目标的成败。系统将数据的存储与管理分割为属性数据库与空间数据库，并采用一个共同的关联项将它们链接起来。原始数据经过预处理，变成系统基础数据。系统数据库主要包括界址点线数据库、图形数据库、文本数据库等。此类数据库可归结为两类：属性数据库与空间数据库。属性数据库中一个数值数据包括三方面信息性质：一是从属性，即数据归属于某部门、某单元等；二是特征性质；三是时间性，也就是数据是哪一时间段的度量值。对于地籍资料数据，缺少了任何一个特征都将大大降低这一数据的使用价值。

3.功能模块的设计

地籍管理信息系统是一个集科学研究及技术应用为方向的地理信息系统，它以地籍管理与决策分析为系统目标，因而对信息的采集、组织、管理、应用及应用成果的输出是系统功能的主体，系统的功能设计能支持各种模型的生成。

系统的功能模块应从以下方面考虑。

(1)数据采集功能。采集的数据包括几何数据、属性数据和管理数据；采集方式有手扶跟踪数字化、图纸扫描数字化、测量仪器及外部数据文件接口和键盘输入矢量数据等。

(2)图形处理与制图功能。图形数据在输入后，实现对图形进行显示、查询、编辑、修改、管理等工作，并为用户提供矢量图、栅格图、全要素图和各种专题图。

(3)属性数据的管理功能。在信息系统中，对于属性数据一般都采用表格表示，采用关系型数据库管理系统(RDBMS)来管理。

(4)空间查询与分析功能。查询功能包括属性查图形、SQL 查询、从属性表直接查询目标对象、根据图形查属性、空间关系查询;分析功能包括叠置分析、缓冲分析、空间几何分析、地学分析等。

(四)系统技术特点

(1)具有较强的数据处理功能。能够根据业务的不同要求选择不同功能的模块处理,高速高效地完成工作。

(2)结构合理,功能齐全,性能良好。能根据部门的业务要求进行文字或图形的查询,可以实现文字、符号、地图和图像等多种形式数据的同时显示,具有图文并茂的显著特色。

(3)系统具有友好的界面。采用弹出式中文菜单,配有详细、直观的中文和图形提示信息,增强了系统的透明度。

(4)系统的分析共享功能。该系统数据的分析可提供给其他部门,如土地规划、城市建设、环境保护、农业区划等部门使用,有利于数据的共享,方便此类部门进行科学决策。

## 第四节　数字地球

### 一、数字地球的基本概念

1998 年 1 月 31 日,美国副总统戈尔在美国加利福尼亚科学中心发表了题为“数字地球:21 世纪认识地球的方式”的讲演。正式提出数字地球的概念。戈尔指出:“数字地球”,即一种可以嵌入海量地理数据的、多分辨率的和三维的地球的表示。

数字地球是指数字化的地球,或者说是指信息化的地球。信息化是指以计算机为核心的数字化、网络化、智能化和可视化的全部过程。详细一点说,数字地球是指以地球作为对象的、以地理坐标为依据,具有多分辨率、海量的和多种数据融合的,并可用多媒体和虚拟技术进行多维(立体的和动态的)表达的,具有空间化、数字化、网络化、智能化和可视化特征的技术系统。“数字地球”核心思想有两点,一是用数字化手段统一性地处理地球问题,另一点是最大限度地利用信息资源。

“数字地球”主要是由空间数据、文本数据、操作平台、应用模型组成的。这些数据不仅包括全球性的中、小比例尺的空间数据，还包括大比例尺的空间数据（如大比例尺的城市空间数据）；不仅包括地球的各类多光谱、多时相、高分辨率的遥感卫星影像、航空影像、不同比例尺的各类数字专题图，还包括相应的以文本形式表现的有关可持续发展、农业、资源、环境、灾害、人口、全球变化、气候、生物、地理、生态系统、水文循环系统、教育、军事等不同类别的数据。操作平台是一种开放、分布式的基于 Internet 网络环境的各类数据更新、查询、处理、分析的软件系统。应用模型包括在可持续发展、农业、资源、环境、灾害（水灾、旱灾、火灾）、人口、气候、生物、地理、全球变化、生态系统、水文循环系统等方面的应用模型。

数字地球计划是继信息高速公路之后又一全球性的科技发展战略目标，是国家主要的信息基础设施，是信息社会的主要组成部分，是遥感、遥测、全球定位系统、互联网、万维网、仿真与虚拟技术等现代科技的高度综合和升华，是当今科技发展的制高点。数字地球是地球科学与信息科学的高度综合。

## 二、数字地球的基本框架

数字地球已经具备了形成新学科的要求，作为一门新的学科分支，它由三部分组成。

(1)基础理论。数字地球的基础理论研究的内容主要包括地球信息的特征、地球空间系统特征、地球系统的非线性与复杂性特征，这三个方面密切相关，以信息为主线。

(2)技术系统。数字地球技术系统包括数据获取技术，以多种分辨率的卫星遥感为主；数据传输技术，以宽带光纤和宽带卫星通信网为主；数据存储与管理技术，以分布式数据库及共享技术为主，包括互操作和标准、规范、法规等；数据应用技术，以仿真与虚拟技术为主，包括为应用目的服务的实验和试验。

数字地球的技术系统的特点是速度快，精度高，实现共享；从局部扩大到全球，即全球化，包括资源、环境、经济、社会、人口等各种数据，以地球坐标进行组织和整合，提高了数据的应用水平和应用价值。

(3)应用领域。数字地球技术系统既可以应用于局部地域、地区和全球范围，又应用于不同行业与专业，如农业、林业、牧业、渔业、交通、建筑、矿业、工业、城市、环境、减灾等。

## 三、数字地球的技术基础

要在电子计算机上实现数字地球，不是一件很简单的事，需要诸多学科，特别是信息科学技术的支撑，其中主要包括信息高速公路和计算机宽带高速网络技术、高分辨率卫星影像、空间信息技术、大容量数据处理与存储技术、科学计算以及可视化和虚拟现实技术。

(1)信息高速公路和计算机宽带高速网。一个数字地球所需要的数据已不能通过单一的数据库来存储，而需要由成千上万的不同组织来维护。这意味着，参与数字地球的服务器将需要由高速网络来连接。

(2)高分辨率卫星影像。现阶段的遥感卫星影像，分辨率已经有了飞快地提高，空间分辨率从遥感形成之初的 80m，已提高到 30m、10m、5.8m，乃至 2m，军用甚至可达到 10cm；光谱分辨率可以达到 5～6mn(纳米)量级，400 多个波段。

(3)空间信息技术与空间数据基础设施。空间信息是指与空间和地理分布有关的信息。经统计，世界上的事情有 80%与空间分布有关。当人们在数字地球上进行处理、发布和查询信息时，将会发现大量的信息都与地理空间位置有关。例如，查询两城市之间的交通连接，查询旅游景点和路线等，都需要有地理空间参考。由于尚未建立空间数据参考框架，致使目前在万维网上制作主页时还不能轻易将有关的信息连接到地理空间参考上。因此，国家空间数据基础设施是数字地球的基础。

国家空间数据基础设施主要包括空间数据协调、管理与分发体系和机构，空间数据交换网站、空间数据交换标准及数字地球空间数据框架。这是美国克林顿总统在 1994 年 4 月以行政令下发的任务，并于 20 世纪末初步建成。我国也开始建立我国基于 1：50000 和 1：10000 比例尺的空间信息基础设施。

(4)大容量数据存储及元数据。数字地球将需要存储大量的信息。美国 NASA 的行星地球计划 EOS－AM1 1999 年上天，每天产生 1000GB(即 1TB)的数据和信息，1m 分辨率影像覆盖我国广东省，大约有 1TB 的数据，而广东才占我国的 1/53，所以要建立起我国的数字地球，仅仅影像数据就有 53TB，这还只是一个时刻的，多时相的动态数据，其容量就更大了。

另外，为了在海量数据中迅速找到需要的数据，元数据(Metadata)库的建设是非常必要的，它是关于数据的数据，通过它，可以了解有关数据的名称、位置、属性等信息，从而大大减少用户寻找所需数据的时间。

(5)科学计算。地球是一个复杂的巨系统，地球上发生的许多事件，其变化和过程又十分复杂而呈非线性特征，时间和空间的跨度变化大小不等，差别很大，只有利用高速计算机，利用数据挖掘(Data Mining)技术，我们才能够更好地认识和分析所观测到的海量数据，从中找出规律和知识。科学计算将使我们突破实验和理论科学的限制，建模和模拟可以使我们能更加深入地探索所搜集到的有关我们地球的数据。

(6)可视化和虚拟现实技术。可视化是实现数字地球与人交互的窗口和工具，没有可视化技术，计算机中的一堆数字是无任何意义的。

虚拟现实(Virtual Reality,VR)是近年来出现的高新技术，也称灵境技术。虚拟现实是利用电脑模拟产生一个三维空间的虚拟世界，提供使用者关于视觉、听觉、触觉等感官的模拟，让使用者如同身临其境一般，可以及时、无限制地观察三度空间内的事物。

数字地球的一个显著的技术特点是虚拟现实技术。建立了数字地球以后，用户戴上显示头盔，就可以看见地球从太空中出现，使用“用户界面”的开窗放大数字图像，随着分辨率的不断提高，可以看见大陆，然后是乡村、城市，最后是私人住房、商店、树木和其他天然和人造景观；当用户对商品感兴趣时，可以进入商店内，欣赏商场内的衣服，并可根据自己的体型，构造虚拟自己试穿衣服。

## 四、数字地球的应用——数字城市

数字地球的研究对象是带有地理坐标的空间信息。除了资源、环境具有明显的分布坐标以外，经济和社会也应具有空间分布特征。电子商务、电子金融、电子社会似乎与数字地球没有关系，其实这种观点是不全面的。例如，人们可以通过网络选择厂家或商场及其需要的货物，厂家、商场给多个客户送货时，也可以利用数字地球技术系统，实现路径选择、全导航等功能。同样，电子金融、电子社会也不能离开数字地球技术。因此，数字地球的信息应用具有广阔的前景。

### 1.数字城市的概念

数字城市是指城市规划建设与运营管理以及城市生产与生活活动中，利用数字化信息处理技术和网络通信技术，将城市的各种数字信息及各种信息资源加以整合并充分利用。城市是社会经济的中心，数字城市(Digital City)不仅是信息社会的主要组成部分，而且也是数字地球技术系统的集中表现。戈尔综合了很多教授、专家、企业家及政府管理人员的意见，于1998年9月提出了“数字化舒适社区建设”，即数字城市建设的倡议。近年来，一些发达国家已经相继进行了数字小区和数字城市的实验。我国在21世纪初进行了数字城市的建设，并取得了良好的效果。

2.数字城市的关键技术

数字城市的关键技术除了和数字地球相同外，还应侧重强调以下几点。

(1)真三维地理信息系统(3D－GIS)研究。人们普遍认为3D－GIS是数字城市首先要解决的问题。国际上已经专门成立了3D－GIS研究组织，主要为城市研究服务。德国的Stuttgart大学等研究机构在3D－GIS方面做了很多工作，并建立了模拟系统，对一些城市进行了研究。

(2)仿真和虚拟技术或虚拟地理信息系统(VR－GIS)技术已成为公认的数字城市的关键术。

(3)数字城市的信息模型与体系结构研究，如城市建筑设施、交通设施、能源设施、通信设施、服务设施、文化设施和行政管理设施的信息模型及体系结构(包括逻辑及运行)以及信息组织和管理等研究。

(4)数字城市的运行管理技术研究，如通信网络系统及其管理、数据组织及数据转换、决策模型管理、城市信息安全保障机制等研究。

(5)数字城市的功能系统研究，包括数据交换中心、公用信息平台、专业信息平台等研究。

3.数字城市的建设内容

数字化城市的内容包括了数字化、网络化、智能化与可视化等几个方面。

(1)城市设施数字化。在统一的标准与规范基础上，实现设施的数字化，这些设施包括城市基础设施、交通设施、金融业、文教卫生、安全保卫、政府管理、城市规划与管理等(图8－5)。

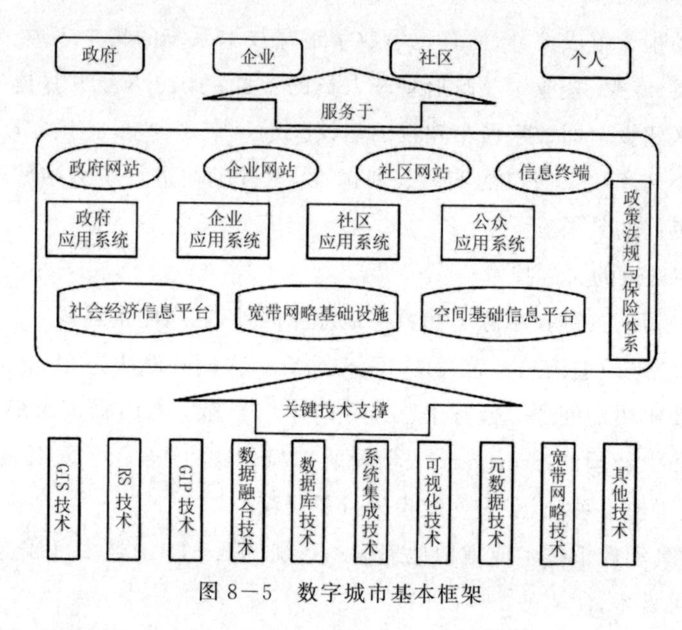


图 8—5　数字城市基本框架

(2)城市网络化。三网链接即电话网、有线电视网与 Internet 网实现互联互通;通过网络将分散的分布式数据库、信息系统链接起来,建立互操作平台;建立数据仓库与交换中心、数据处理平台、多种数据的融合与立体表达、仿真与虚拟技术、数据共享平台。

(3)城市智能化。城市智能化包括:

电子商务:网上贸易、虚拟商场、网上市场管理;

电子金融:网上银行、网上股市、网上期货、网上保险;

网上教育:虚拟教室、虚拟实验、虚拟图书馆;

网上医院:网上健康咨询、网上会诊、网上护理;

网上政务:网上会议等。

另外,城市规划的虚拟、城市生态建设或改造虚拟实验等,也属于城市智能化的内容,它们不仅可以提高城市规划或城市生态建设的科学性,同时还能缩短设计时间。

数字城市、信息城市或智能城市的目的都是将城市的部分或大部分的基础设施、功能设施进行数字化,建立数据库,并用计算机高速通信网络连接,实现网络化管理和调控,并具有高度自动化、智能化的技术系统。

从数字家庭到数字大厦、数字小区、数字城市、数字国家,这些并不是科学幻想,而是活生生的现实,是未来的人类社会的发展模式和人类的生存方式。

# 参考文献

[1]李建松，唐雪华编著.地理信息系统原理[M].武汉：武汉大学出版社.2015.

[2]胡鹏等编著.地理信息系统教程[M].武汉：武汉大学出版社.2002.

[3]重庆市测绘学会编.城乡建设中的现代测绘高新技术研究与应用[M].成都：西南交通大学出版社.2008.

[4]陈能成著.网络地理信息系统的方法与实践[M].武汉：武汉大学出版社.2009.

[5]李建松编著.地理信息系统原理[M].武汉：武汉大学出版社.2006.

[6]焦明连，朱恒山，李晶主编.测绘与地理信息技术[M].徐州：中国矿业大学出版社.2018.

[7]张友静等编.地理信息科学导论[M].北京：国防工业出版社.2009.

[8]李治洪等编著.地理信息技术基础教程[M].北京：高等教育出版社.2005.

[9]自然资源部人事司编.测绘地理信息青年学术和技术带头人报告文集[M].北京：测绘出版社.2018.

[10]李冲著.测绘地理信息成果信息化质检平台构建技术研究[M].武汉：武汉大学出版社.2019.